KB085451

연산을 잡아야 수학이 쉬워진다!

기적의 중학연산

2A

Ⅰ. 유리수와 순환소수
Ⅱ. 식의 계산
Ⅲ. 일차부등식

2B

Ⅳ. 연립방정식
Ⅴ. 일차함수와 그래프
Ⅵ. 일차함수와 일차방정식의 관계

기적의 중학연산 2A

초판 발행 2018년 12월 20일
초판 16쇄 2024년 2월 13일

지은이 기적학습연구소
발행인 이종원
발행처 길벗스쿨
출판사 등록일 2006년 6월 16일
주소 서울시 마포구 월드컵로 10길 56(서교동)
대표 전화 02)332-0931 | **팩스** 02)333-5409
홈페이지 www.gilbutschool.co.kr | **이메일** gilbut@gilbut.co.kr

기획 및 책임 편집 이선정(dinga@gilbut.co.kr)
제작 이준호, 손일순, 이진혁 | **영업마케팅** 문세연, 박선경, 박다슬 | **웹마케팅** 박달님, 이재윤
영업관리 김명자, 정경화 | **독자지원** 윤정아, 전희수 | **편집진행 및 교정** 이선정
표지 디자인 정보라 | **표지 일러스트** 김다예 | **내지 디자인** 정보라
전산편집 보문미디어 | **CTP 출력·인쇄** 영림인쇄 | **제본** 영림제본

ISBN 979-11-88991-81-5 54410
(길벗 도서번호 10658)
정가 10,000원

머리말

초등학교 땐 수학 좀 한다고 생각했는데, 중학교에 들어오니 갑자기 어렵나요?

숫자도 모자라 알파벳이 나오질 않나, 어려워서 쩔쩔매는 내모습에 부모님도 당황하시죠.
어쩌다 수학이 어려워졌을까요?

게임을 한다고 생각해 보세요. 매뉴얼을 열심히 읽는다고 해서, 튜토리얼 한 판 한다고 해서 끝판 왕이 될 수 있는 건 아니에요. 다양한 게임의 룰과 변수를 이해하고, 아이템도 활용하고, 여러 번 연습해서 내공을 쌓아야 비로소 만렙이 되는 거죠.
중학교 수학도 똑같아요. 개념을 이해하고, 손에 딱 붙을 때까지 여러 번 연습해야만 어떤 문제든 거뜬히 해결할 수 있어요.

알고 보면 수학이 갑자기 어려워진 게 아니에요. 단지 어렵게 '느낄' 뿐이죠. 꼭 연습해야 할 기본을 건너뛴 채 곧장 문제부터 해결하려 덤벼들면 어렵게 느끼는 게 당연해요.

자, 이제부터 중학교 수학의 1레벨부터 차근차근 기본기를 다져 보세요. 정확하게 개념을 이해한 다음, 충분히 손에 익을 때까지 연습해야겠죠? 지겹고 짜증나는 몇 번의 위기를 잘 넘기고 나면 어느새 최종판에 도착한 자신을 보게 될 거예요.
기본부터 공부하는 것이 당장은 친구들보다 뒤처지는 것 같더라도 걱정하지 마세요. 나중에는 실력이 쑥쑥 늘어서 수학이 쉽고 재미있게 느껴질 테니까요.

길벗스쿨 기적학습연구소

3단계 다면학습으로 다지는 중학 수학

'소인수분해'의 다면학습 3단계

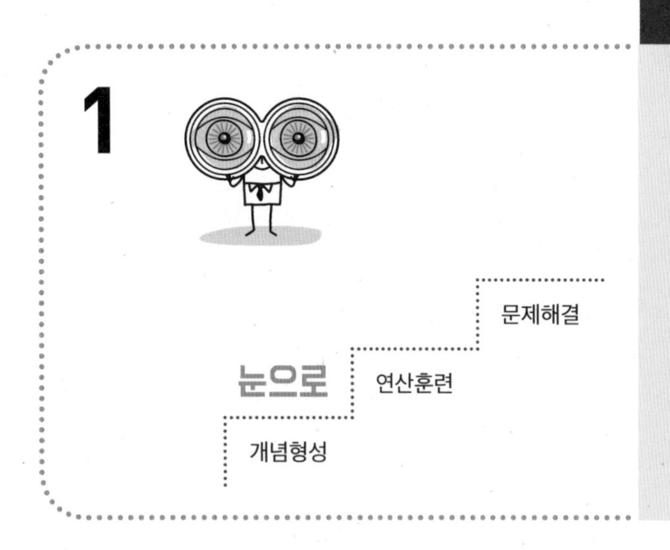

❶단계 | 직관적 이미지 형성

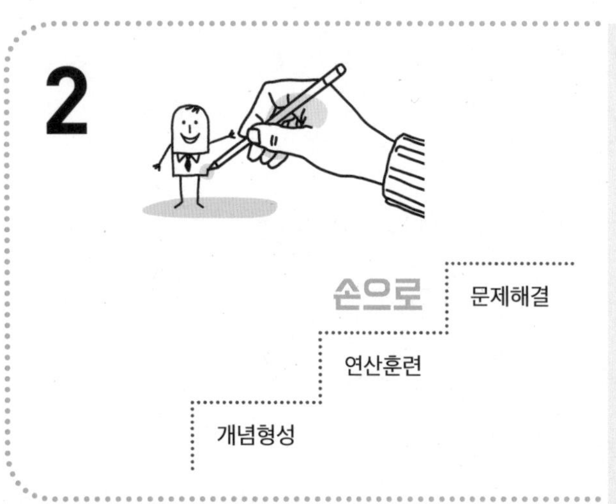

❷단계 | 수학적 개념 확립

소인수분해의 수학적 정의

: 1보다 큰 자연수를 소인수만의 곱으로 나타내는 것

12를 소인수분해하면?

$$12=2\times2\times3=2^2\times3$$

소인수 소인수

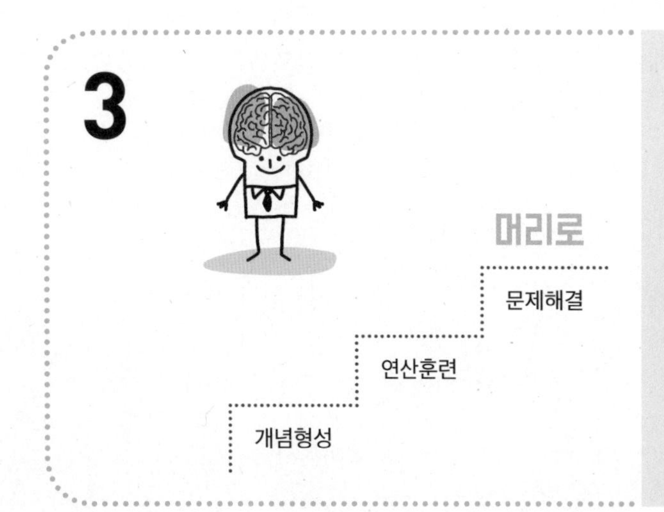

❸단계 | 개념의 적용 활용

12에 자연수 a를 곱하여 **어떤 자연수의 제곱**이 되도록 할 때, 가장 작은 자연수 a의 값을 구하시오.

step1 12를 소인수분해한다. → $12=2^2\times3$

step2 소인수 3의 지수가 1이므로 12에 3를 곱하면 $2^2\times3\times3=2^2\times3^2=36$으로 6의 제곱이 된다. 따라서 $a=3$이다.

눈으로 보고, 손으로 익히고, 머리로 적용하는 3단계 다면학습을 통해 직관적으로 이해한 개념을 수학적 언어로 표현하고 사용하면서 중학교 수학의 기본기를 다질 수 있습니다.

'사랑'이란 단어를 처음 들으면 어떤 사람은 빨간색 하트를, 또 다른 누군가는 어머니를 머릿속에 떠올립니다. '사랑'이란 단어에 개인의 다양한 경험과 사유가 더해지면서 구체적이고 풍부한 개념이 형성되는 것입니다.

그런데 학문적인 용어에 대해서는 직관적인 이미지를 무시하는 경향이 있습니다. 여러분은 '소인수분해'라는 단어를 들으면 어떤 이미지가 떠오르나요? 머릿속이 하얘지고 복잡한 수식만 둥둥 떠다니지 않나요? 바로 떠오르는 이미지가 없다면 아직 소인수분해의 개념이 제대로 형성되지 않은 것입니다. 소인수분해를 '소인수만의 곱으로 나타내는 것'이라는 딱딱한 설명으로만 접하면 수를 분해하는 원리를 이해하기 어렵습니다. 그러나 한글의 자음, 모음과 같이 기존에 알고 있던 지식과 비교하면서 시각적으로 이해하면 수의 구성을 직관적으로 이해할 수 있습니다. 이렇게 이미지화 된 개념을 추상적이고 논리적인 언어적 개념과 연결시키면 입체적인 지식 그물망을 형성할 수 있습니다.

눈으로만 이해한 개념은 아직 완전하지 않습니다. 스스로 소인수분해의 개념을 잘 이해했다고 생각해도 정확한 수학적 정의를 반복하여 적용하고 다루지 않으면 오개념이 형성되기 쉽습니다.

<소인수분해에서 오개념이 불러오는 실수>

$12 = 3 \times 4$ (×) ← 4는 합성수이다. **$12 = 1 \times 2^2 \times 3$ (×) ← 1은 소수도 합성수도 아니다.**

하나의 지식이 뇌에 들어와 정착하기까지는 여러 번 새겨 넣는 고착화 과정을 거쳐야 합니다. 이때 손으로 문제를 반복해서 풀어야 개념이 완성되고, 원리를 쉽게 이해할 수 있습니다. 소인수분해를 가지치기 방법이나 거꾸로 나눗셈 방법으로 여러 번 연습한 후, 자기에게 맞는 편리한 방법을 선택하여 자유자재로 풀 수 있을 때까지 훈련해야 합니다. 문제를 해결할 수 있는 무기를 만들고 다듬는 과정이라고 생각하세요.

개념과 연산을 통해 훈련한 내용만으로 활용 문제를 척척 해결하기는 어렵습니다. 그 내용을 어떻게 문제에 적용해야 할지 직접 결정하고 해결하는 과정이 남아 있기 때문입니다.

제곱인 수를 만드는 문제에서 첫 번째로 수행해야 할 것이 바로 소인수분해입니다. 앞에서 제대로 개념을 형성했다면 문제를 읽으면서 "수를 분해하여 구성 요소부터 파악해야만 제곱인 수를 만들기 위해 모자라거나 넘치는 것을 알 수 있다."라는 사실을 깨달을 수 있습니다.

실제 시험에 출제되는 문제는 이렇게 개념을 활용하여 한 단계를 거쳐야만 비로소 답을 구할 수 있습니다. 제대로 개념이 형성되어 있으면 문제를 접했을 때 어떤 개념이 필요한지 파악하여 적재적소에 적용하면서 해결할 수 있습니다. 따라서 다양한 유형의 문제를 접하고, 필요한 개념을 적용해 풀어 보면서 문제 해결 능력을 키우세요.

구성 및 학습설계 : 어떻게 볼까요?

1단계 눈으로 보는 VISUAL IDEA

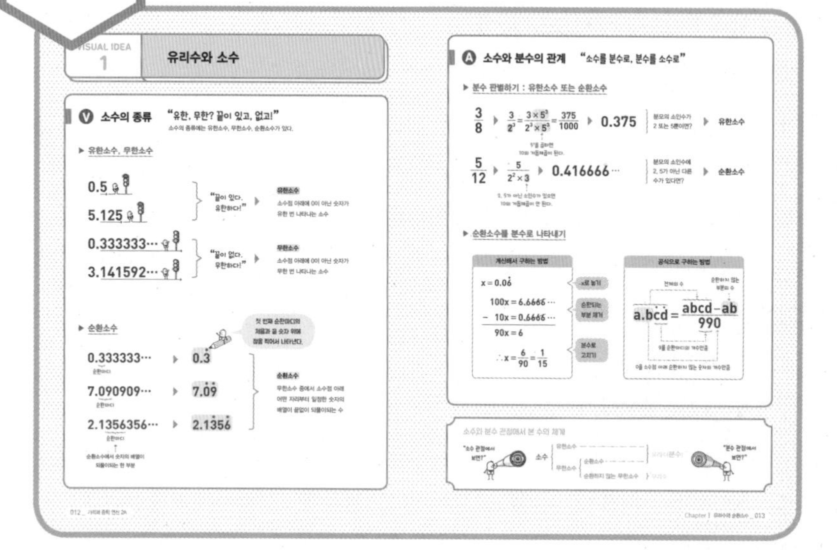

문제 훈련을 시작하기 전 가벼운 마음으로 읽어 보세요.
나무가 아니라 숲을 보아야 해요. 하나하나 파고들어 이해하기보다 위에서 내려다보듯 전체를 머릿속에 담아서 나만의 지식 그물망을 만들어 보세요.

2단계 손으로 익히는 ACT

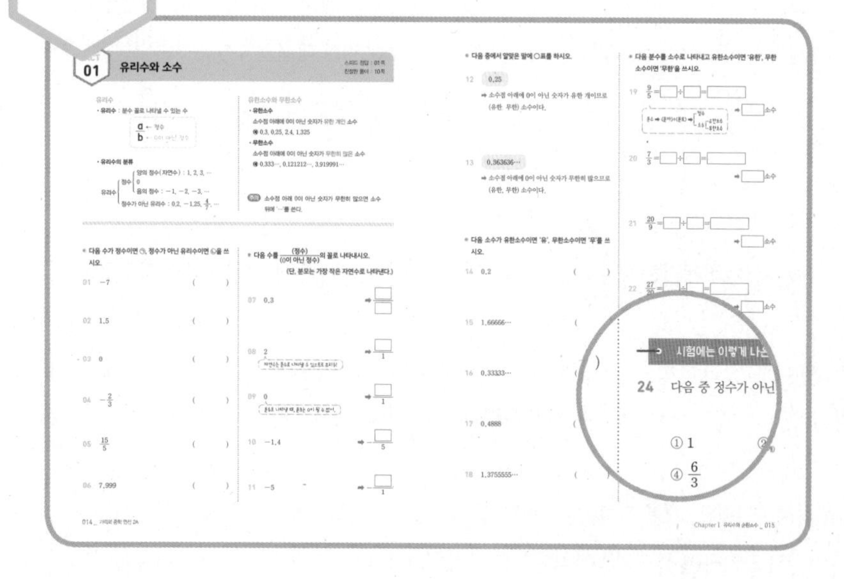

개념을 꼼꼼히 읽은 후 손에 익을 때까지 문제를 반복해서 풀어요.
완전히 이해될 때까지 쓰고 지우면서 풀고 또 풀어 보세요.

시험에는 이렇게 나온대.

학교 시험에서 기초 연산이 어떻게 출제되는지 알 수 있어요. 모양은 다르지만 기초 연산과 똑같이 풀면 되는 문제로 구성되어 있어요.

3단계 머리로 적용하는 ACT+

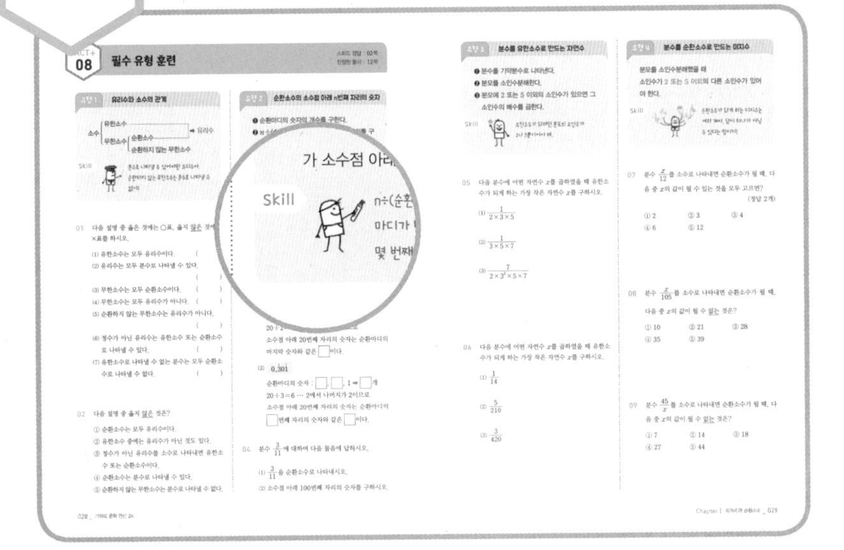

기초 연산 문제보다는 다소 어렵지만 꼭 익혀야 할 유형의 문제입니다. 차근차근 따라 풀 수 있도록 설계되어 있으므로 개념과 Skill을 적극 활용하세요.

Skill

문제 풀이의 tip을 말랑말랑한 표현으로 알려줍니다. 딱딱한 수식보다 효과적으로 유형을 이해할 수 있어요.

Test 단원평가

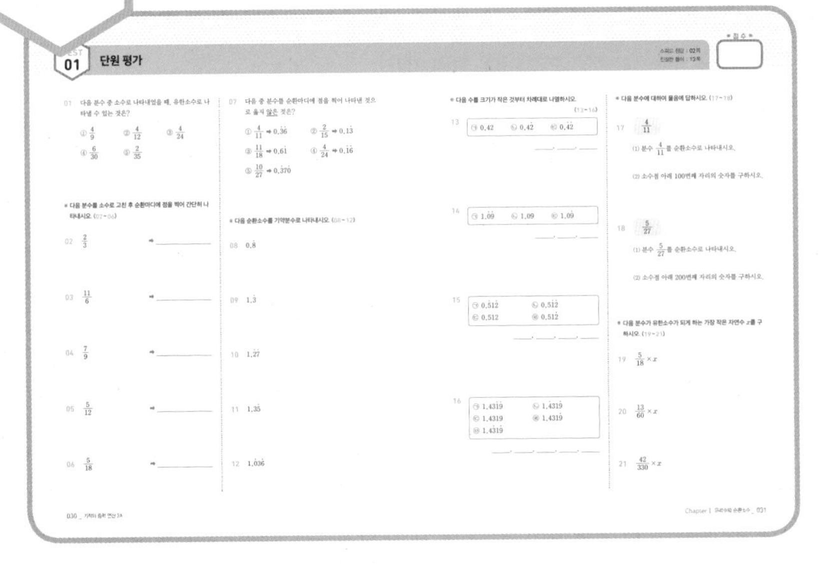

점수도 중요하지만, 얼마나 이해하고 있는지를 아는 것이 더 중요해요.
배운 내용을 꼼꼼하게 확인하고, 틀린 문제는 앞의 ACT나 ACT+로 다시 돌아가 한 번 더 연습하세요.

목차와 스케줄러

Chapter Ⅰ 유리수와 순환소수

Chapter Ⅱ 식의 계산

Chapter Ⅲ 일차부등식

"하루에 공부할 양을 정해서, 매일매일 꾸준히 풀어요."

일주일에 5일 동안 공부하는 것을 목표로 합니다. 공부할 날짜를 적고, 일정을 지킬 수 있도록 노력하세요.

ACT 01	ACT 02	ACT 03	ACT 04	ACT 05	ACT 06
월 일	월 일	월 일	월 일	월 일	월 일
ACT 07	ACT+ 08	TEST 01	ACT 09	ACT 10	ACT 11
월 일	월 일	월 일	월 일	월 일	월 일
ACT 12	ACT 13	ACT+ 14	ACT 15	ACT 16	ACT 17
월 일	월 일	월 일	월 일	월 일	월 일
ACT+ 18	ACT 19	ACT 20	ACT 21	ACT 22	ACT 23
월 일	월 일	월 일	월 일	월 일	월 일
ACT 24	ACT 25	ACT 26	ACT 27	ACT+ 28	ACT+ 29
월 일	월 일	월 일	월 일	월 일	월 일
TEST 02	ACT 30	ACT 31	ACT 32	ACT+ 33	ACT 34
월 일	월 일	월 일	월 일	월 일	월 일
ACT 35	ACT 36	ACT 37	ACT 38	ACT 39	ACT+ 40
월 일	월 일	월 일	월 일	월 일	월 일
ACT+ 41	ACT+ 42	ACT+ 43	TEST 03		
월 일	월 일	월 일			

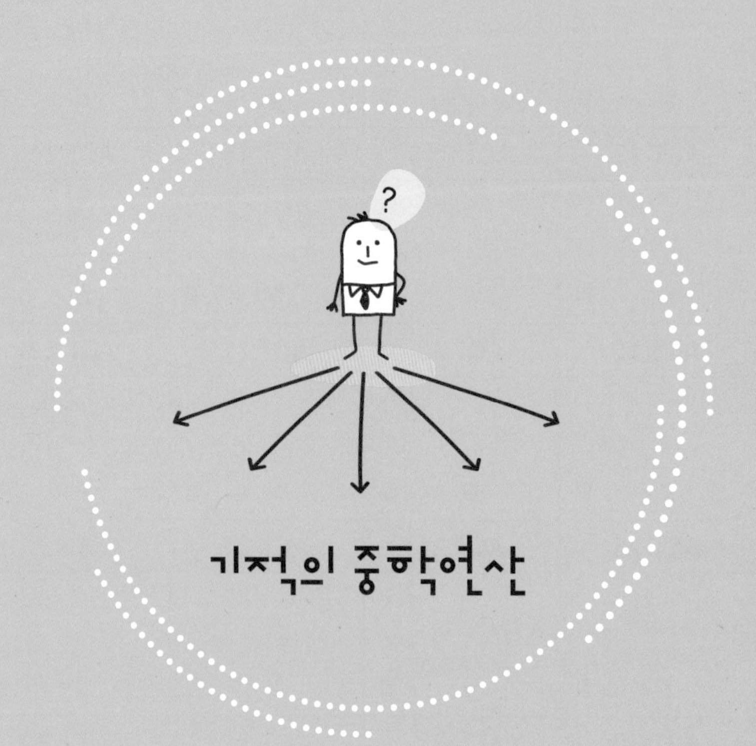

기적의 중학연산

Chapter Ⅰ

유리수와 순환소수

keyword

유리수, 유한소수, 무한소수, 순환소수, 순환마디

VISUAL IDEA
1

유리수와 소수

V 소수의 종류

"유한, 무한? 끝이 있고, 없고!"

소수의 종류에는 유한소수, 무한소수, 순환소수가 있다.

▶ 유한소수, 무한소수

0.5

5.125

"끝이 있다. 유한하다!" ▶ **유한소수** 소수점 아래에 0이 아닌 숫자가 유한 번 나타나는 소수

0.333333⋯

3.141592⋯

"끝이 없다. 무한하다!" ▶ **무한소수** 소수점 아래에 0이 아닌 숫자가 무한 번 나타나는 소수

▶ 순환소수

첫 번째 순환마디의 처음과 끝 숫자 위에 점을 찍어서 나타낸다.

0.333333⋯ (순환마디: 3) ▶ $0.\dot{3}$

7.090909⋯ (순환마디: 09) ▶ $7.\dot{0}\dot{9}$

2.1356356⋯ (순환마디: 356) ▶ $2.1\dot{3}5\dot{6}$

순환마디: 순환소수에서 숫자의 배열이 되풀이되는 한 부분

순환소수 무한소수 중에서 소수점 아래 어떤 자리부터 일정한 숫자의 배열이 끝없이 되풀이되는 수

Ⓐ 소수와 분수의 관계 "소수를 분수로, 분수를 소수로"

▶ 분수 판별하기 : 유한소수 또는 순환소수

$\frac{3}{8}$ ▶ $\frac{3}{2^3} = \frac{3 \times 5^3}{2^3 \times 5^3} = \frac{375}{1000}$ ▶ 0.375 } 분모의 소인수가 2 또는 5뿐이면? ▶ **유한소수**

5^3을 곱하면 10의 거듭제곱이 된다.

$\frac{5}{12}$ ▶ $\frac{5}{2^2 \times 3}$ ▶ $0.416666\cdots$ } 분모의 소인수에 2, 5가 아닌 다른 수가 있다면? ▶ **순환소수**

2, 5가 아닌 소인수가 있으면 10의 거듭제곱이 안 된다.

▶ 순환소수를 분수로 나타내기

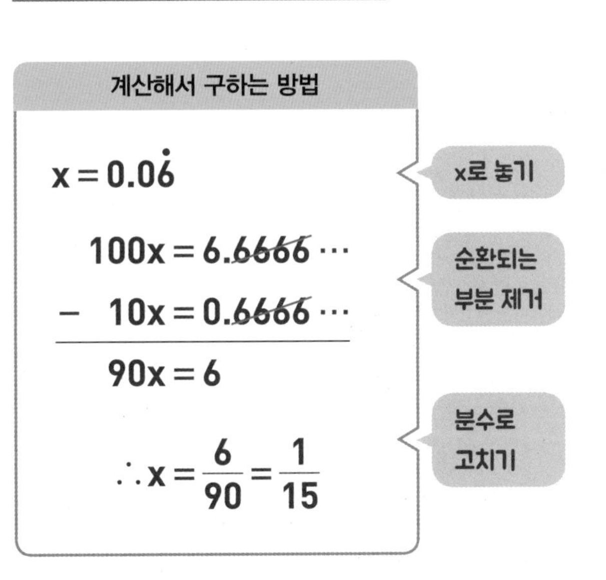

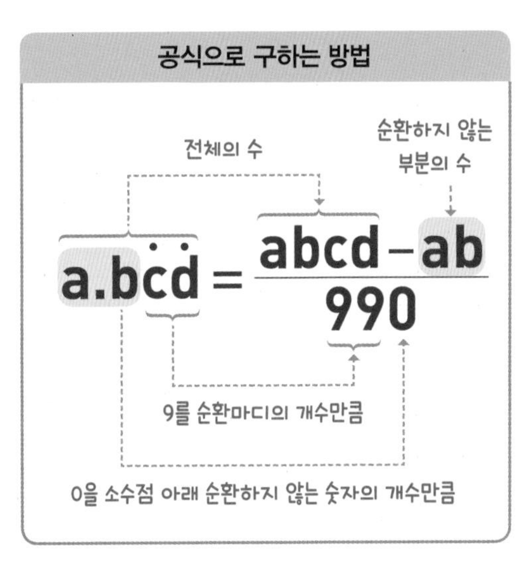

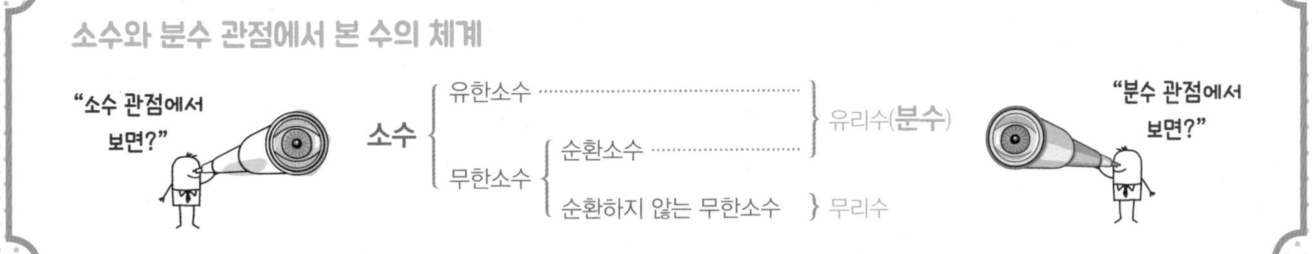

ACT 01

유리수와 소수

스피드 정답 : 01쪽
친절한 풀이 : 10쪽

유리수

• **유리수** : 분수 꼴로 나타낼 수 있는 수

$\dfrac{a}{b}$ ← a: 정수, b: 0이 아닌 정수

• **유리수의 분류**

유리수 { 정수 { 양의 정수(자연수) : 1, 2, 3, ⋯ / 0 / 음의 정수 : −1, −2, −3, ⋯ } / 정수가 아닌 유리수 : 0.2, −1.25, $\frac{4}{7}$, ⋯ }

유한소수와 무한소수

• **유한소수**

소수점 아래에 0이 아닌 숫자가 유한 개인 소수

예 0.3, 0.25, 2.4, 1.325

• **무한소수**

소수점 아래에 0이 아닌 숫자가 무한히 많은 소수

예 0.333⋯, 0.121212⋯, 3.919991⋯

주의 소수점 아래 0이 아닌 숫자가 무한히 많으면 소수 뒤에 '⋯'를 쓴다.

＊ 다음 수가 정수이면 ㉠, 정수가 아닌 유리수이면 ㉡을 쓰시오.

01 -7 (　　)

02 1.5 (　　)

03 0 (　　)

04 $-\frac{2}{3}$ (　　)

05 $\frac{15}{5}$ (　　)

06 7.999 (　　)

＊ 다음 수를 $\dfrac{(\text{정수})}{(0\text{이 아닌 정수})}$의 꼴로 나타내시오.

(단, 분모는 가장 작은 자연수로 나타낸다.)

07 0.3 ➡ $\dfrac{\square}{\square}$

08 2 ➡ $\dfrac{\square}{1}$

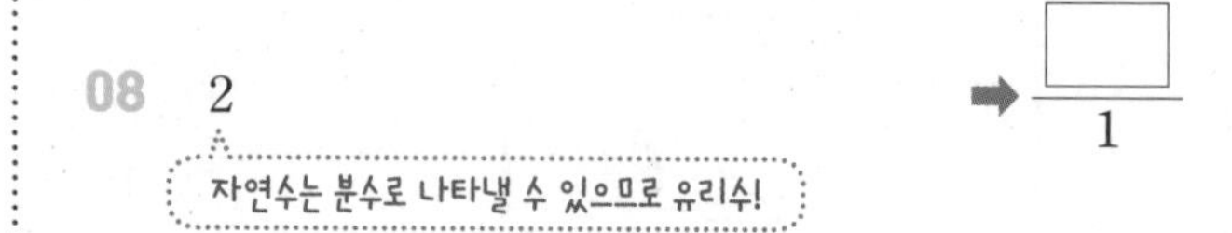

09 0 ➡ $\dfrac{\square}{1}$

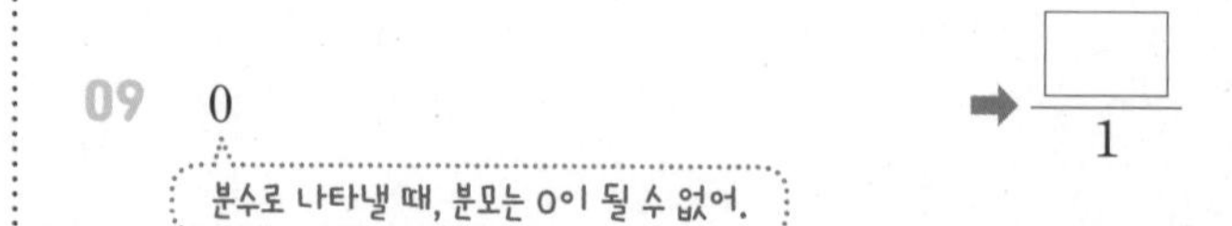

10 -1.4 ➡ $-\dfrac{\square}{5}$

11 -5 ➡ $-\dfrac{\square}{1}$

* 다음 중에서 알맞은 말에 ○표를 하시오.

12 0.25

➡ 소수점 아래에 0이 아닌 숫자가 유한 개이므로 (유한, 무한) 소수이다.

13 0.363636⋯

➡ 소수점 아래에 0이 아닌 숫자가 무한히 많으므로 (유한, 무한) 소수이다.

* 다음 소수가 유한소수이면 '유', 무한소수이면 '무'를 쓰시오.

14 0.2 (   )

15 1.66666⋯ (   )

16 0.33333⋯ (   )

17 0.4888 (   )

18 1.3755555⋯ (   )

* 다음 분수를 소수로 나타내고 유한소수이면 '유한', 무한소수이면 '무한'을 쓰시오.

19 $\frac{9}{5}=\square\div\square=\square$

➡ □소수

분수 ➡ (분자)÷(분모) ➡ 정수 / 소수 (유한소수 / 무한소수)

20 $\frac{7}{3}=\square\div\square=\square$

➡ □소수

21 $\frac{20}{9}=\square\div\square=\square$

➡ □소수

22 $\frac{27}{20}=\square\div\square=\square$

➡ □소수

23 $\frac{11}{50}=\square\div\square=\square$

➡ □소수

시험에는 이렇게 나온대.

24 다음 중 정수가 아닌 유리수를 모두 고르면? (정답 2개)

① 1 ② 1.3 ③ -3

④ $\frac{6}{3}$ ⑤ -0.67

ACT 02

유한소수로 나타낼 수 있는 분수

스피드 정답 : 01쪽
친절한 풀이 : 10쪽

분모의 소인수로 유한소수로 나타낼 수 있는 분수 판별하기

분수를 기약분수로 나타내었을 때, 분모의 소인수가 2 또는 5뿐이면 분모를 10의 거듭제곱 꼴로 고칠 수 있으므로 유한소수로 나타낼 수 있다.

예 $\frac{7}{20}=\frac{7}{2^2\times5}=\frac{7\times5}{2^2\times5\times5}=\frac{35}{(2\times5)^2}=\frac{35}{10^2}=\frac{35}{100}=0.35$ ← 유한소수

($2^2\times5$: 분모의 소인수가 2나 5뿐이다.)

$\frac{14}{30}=\frac{7}{15}=\frac{7}{3\times5}=7\div15=0.4666\cdots$ ← 무한소수

(3×5: 분모의 소인수가 2나 5 이외에 3이 있다.)

분모를 소인수분해한 후 소인수가 2나 5뿐인 것만 확인하면 돼!

* 다음 분수를 유한소수로 나타낼 수 있으면 ○표, 없으면 ×표를 하시오.

01 $\frac{12}{2\times5^2}$ (　　　)

02 $\frac{1}{2\times3\times5}$ (　　　)

03 $\frac{3}{2^2\times7}$ (　　　)

04 $\frac{6}{3\times5}$ (　　　)

05 $\frac{15}{2^2\times5^3}$ (　　　)

06 $\frac{14}{2^2\times3\times7}$ (　　　)

* 다음은 10의 거듭제곱을 이용하여 분수를 유한소수로 나타내는 과정이다. □ 안에 알맞은 수를 쓰시오.

07 $\frac{3}{5}=\frac{3\times\square}{5\times\square}=\frac{\square}{10}=\square$

10=2x5
100=2^2x5^2
1000=2^3x5^3

08 $\frac{7}{20}=\frac{7}{2^2\times\square}=\frac{7\times\square}{2^2\times\square\times\square}=\frac{\square}{100}=\square$

09 $\frac{9}{50}=\frac{9}{\square\times5^2}=\frac{9\times\square}{\square\times5^2\times\square}=\frac{\square}{100}=\square$

10 $\frac{1}{8}=\frac{1}{2^3}=\frac{\square}{2^3\times\square}=\frac{\square}{1000}=\square$

* 다음 □ 안에 알맞은 수를 쓰고, 알맞은 말에 ○표를 하시오.

11 $\frac{3}{12}$ 기약분수로 나타내기 → $\frac{\square}{\square}$ 분모의 소인수 → □

➡ 유한소수로 나타낼 수 (있다, 없다).

12 $\frac{27}{30}$ 기약분수로 나타내기 → $\frac{\square}{\square}$ 분모의 소인수 → □

➡ 유한소수로 나타낼 수 (있다, 없다).

13 $\frac{25}{75}$ 기약분수로 나타내기 → $\frac{\square}{\square}$ 분모의 소인수 → □

➡ 유한소수로 나타낼 수 (있다, 없다).

14 $\frac{2}{26}$ 기약분수로 나타내기 → $\frac{\square}{\square}$ 분모의 소인수 → □

➡ 유한소수로 나타낼 수 (있다, 없다).

15 $\frac{9}{54}$ 기약분수로 나타내기 → $\frac{\square}{\square}$ 분모의 소인수 → □

➡ 유한소수로 나타낼 수 (있다, 없다).

16 $\frac{48}{120}$ 기약분수로 나타내기 → $\frac{\square}{\square}$ 분모의 소인수 → □

➡ 유한소수로 나타낼 수 (있다, 없다).

* 다음 분수를 소수로 나타낼 때, 유한소수이면 '유한', 무한소수이면 '무한'을 쓰시오.

17 $\frac{4}{5}$ ➡ □ 소수

18 $\frac{13}{12}$ ➡ □ 소수

19 $\frac{14}{20}$ ➡ □ 소수

20 $\frac{12}{50}$ ➡ □ 소수

21 $\frac{10}{150}$ ➡ □ 소수

시험에는 이렇게 나온대.

22 다음 분수 중 유한소수로 나타낼 수 없는 것을 모두 고르면? (정답 2개)

① $\frac{6}{12}$
② $\frac{7}{2^2\times3\times5}$
③ $\frac{9}{2^2\times3^2\times5}$
④ $\frac{27}{150}$
⑤ $\frac{22}{2\times3\times5\times11}$

ACT 03

순환소수와 순환마디

스피드 정답 : 01쪽
친절한 풀이 : 10쪽

순환소수

소수점 아래의 어떤 자리에서부터 일정한 숫자의 배열이 한없이 되풀이(순환)되는 무한소수

순환마디

순환소수의 소수점 아래에서 숫자의 배열이 되풀이되는 부분

순환소수의 표현

순환마디의 시작하는 숫자와 끝나는 숫자 위에 점을 찍어 간단히 나타낸다.

예 $0.656565\cdots \Rightarrow 0.\dot{6}\dot{5}$ $\qquad 0.123123123\cdots \Rightarrow 0.\dot{1}2\dot{3}$

순환마디의 숫자가 3개 이상이면 순환마디의 시작하는 숫자와 끝나는 숫자 위에만 점을 찍어.
$\Rightarrow 0.\dot{1}\dot{2}\dot{3}$(×)

* 다음 소수 중에서 순환소수인 것은 ○표, 순환소수가 아닌 것은 ×표를 하시오.

01 2.2222 (　　)

02 1.2345678⋯ (　　)

무한소수도 되풀이되는 부분이 없으면 순환소수가 아니야.

03 3.454545 (　　)

04 5.121212⋯ (　　)

05 2.487487 (　　)

06 1.275275275⋯ (　　)

* 다음 순환소수의 순환마디를 찾아 쓰시오.

07 0.77777⋯ ➡ ______

08 3.322222⋯ ➡ ______

순환마디가 반드시 소수점 아래 첫째 자리에서 시작하는 것만은 아니야.

09 1.545454⋯ ➡ ______

10 0.135135135⋯ ➡ ______

11 5.123123123⋯ ➡ ______

12 4.4865865865⋯ ➡ ______

※ 다음 순환소수의 순환마디에 점을 찍어 간단히 나타내시오.

13 $0.22222\cdots$ ➡ ________

14 $1.233333\cdots$ ➡ ________

15 $3.363636\cdots$ ➡ ________

16 $2.2767676\cdots$ ➡ ________

17 $1.216216216\cdots$ ➡ ________

18 $5.3642642642\cdots$ ➡ ________

19 $6.63395395395\cdots$ ➡ ________

※ 다음 분수를 소수로 고친 후 순환마디에 점을 찍어 간단히 나타내시오.

20 $\frac{1}{6}$ ➡ ________

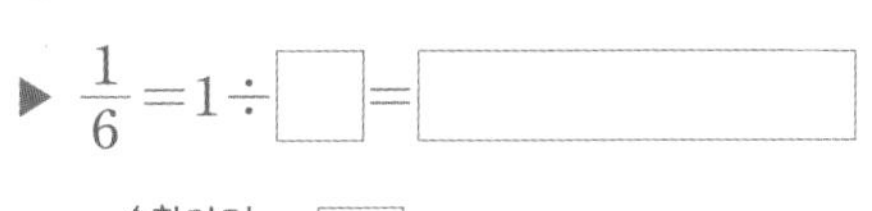

순환마디 → ☐

순환마디에 점찍어 나타내기 → ☐

21 $\frac{2}{9}$ ➡ ________

22 $\frac{7}{15}$ ➡ ________

23 $\frac{11}{18}$ ➡ ________

시험에는 이렇게 나온대.

24 다음 중 순환소수의 표현이 옳은 것은?

① $0.365365365\cdots=0.\dot{3}\dot{6}\dot{5}$
② $1.232323\cdots=1.\dot{2}\dot{3}$
③ $4.524524524\cdots=\dot{4}.5\dot{2}$
④ $5.3626262\cdots=5.\dot{3}6\dot{2}$
⑤ $8.258258258\cdots=8.2\dot{5}\dot{8}$

ACT 04 순환소수의 분수 표현 1

스피드 정답 : 01쪽
친절한 풀이 : 10쪽

소수점 아래 첫째 자리부터 순환마디가 시작되는 순환소수

❶ 구하려는 순환소수를 x로 놓는다.

❷ ❶의 양변에 순환마디의 숫자의 개수만큼 10의 거듭제곱을 곱하여 소수 부분을 같게 만든다.

❸ ❷ − ❶을 하여 x의 값을 구한다.

참고 순환마디의 숫자의 개수만큼 10의 거듭제곱을 곱하면 두 수의 소수 부분이 같아진다.

❶ $x=0.\dot{1}=0.111\cdots$

❷ $10x=1.111\cdots$

❸
$$\begin{array}{rl} 10x &= 1.111\cdots \\ -)\quad x &= 0.111\cdots \\ \hline 9x &= 1 \end{array} \qquad \therefore x=\frac{1}{9}$$

*** 다음은 순환소수를 분수로 고치는 과정이다. □ 안에 알맞은 수를 쓰시오.**

01 $0.\dot{6}$

① $0.\dot{6}$을 x라 하면 $x=0.666\cdots$

② x에 10을 곱하면 □$x=6.666\cdots$

③
$$\begin{array}{rll} 10x &= 6.666\cdots & \Leftarrow ② \\ -)\quad x &= 0.666\cdots & \Leftarrow ① \\ \hline 9x &= 6 & \end{array}$$

$\therefore x=\frac{□}{9}=$□ (답은 반드시 기약분수로 써야 해.)

02 $0.\dot{1}\dot{5}$

① $0.\dot{1}\dot{5}$를 x라 하면 $x=0.151515\cdots$

② x에 □을 곱하면

□$x=15.151515\cdots$

③
$$\begin{array}{rll} □x &= 15.151515\cdots & \Leftarrow ② \\ -)\quad x &= 0.151515\cdots & \Leftarrow ① \\ \hline □x &= 15 & \end{array}$$

$\therefore x=$□

03 $1.\dot{5}\dot{7}$

① $1.\dot{5}\dot{7}$을 x라 하면 $x=1.575757\cdots$

② x에 □을 곱하면

□$x=$□

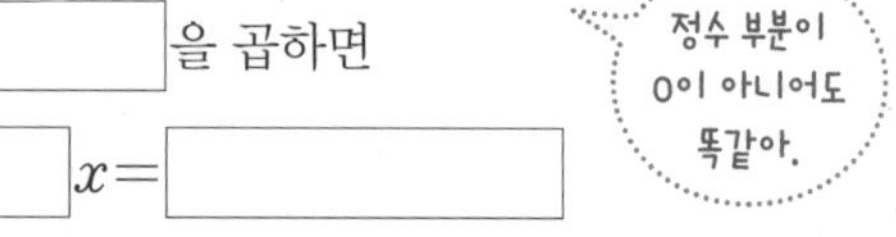

③
$$\begin{array}{rll} □x &= □ & \Leftarrow ② \\ -)\quad x &= 1.575757\cdots & \Leftarrow ① \\ \hline 99x &= □ & \end{array}$$

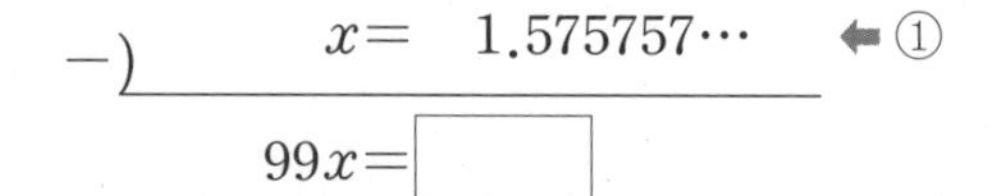

$\therefore x=$□

04 $0.\dot{0}1\dot{6}$

① $0.\dot{0}1\dot{6}$을 x라 하면 $x=0.016016\cdots$

② x에 □을 곱하면

□$x=16.016016\cdots$

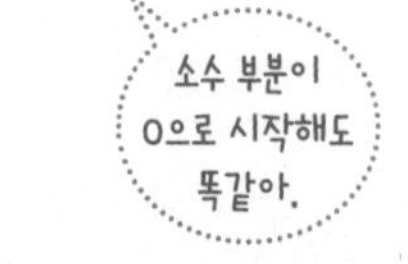

③
$$\begin{array}{rll} □x &= 16.016016\cdots & \Leftarrow ② \\ -)\quad x &= 0.016016\cdots & \Leftarrow ① \\ \hline □x &= 16 & \end{array}$$

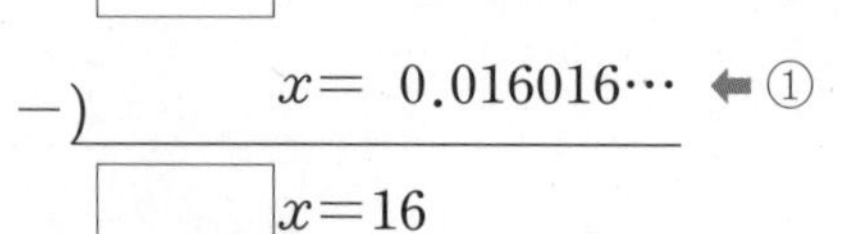

$\therefore x=$□

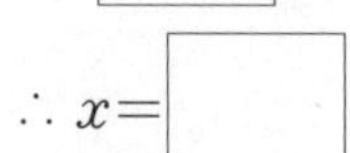

* 다음 순환소수를 기약분수로 나타내시오.

05 $0.\dot{4}$

▶ $x=0.444\cdots$로 놓으면

$$\begin{array}{r} 10x=4.444\cdots \\ -\underline{)\quad x=0.444\cdots} \\ 9x=4 \end{array}$$

$\therefore x=\square$

06 $0.\dot{8}$

07 $1.\dot{3}$

08 $0.\dot{2}\dot{5}$

09 $2.\dot{6}\dot{8}$

10 $3.\dot{5}\dot{9}$

11 $0.\dot{3}0\dot{4}$

12 $1.\dot{1}2\dot{4}$

13 $0.\dot{0}4\dot{7}$

14 $1.\dot{0}6\dot{8}$

시험에는 이렇게 나온대.

15 다음 중 순환소수 $x=0.\dot{0}3\dot{2}$를 분수로 나타낼 때, 가장 편리한 식은?

① $10x-x$　② $100x-x$
③ $100x-10x$　④ $1000x-x$
⑤ $1000x-10x$

ACT 05

순환소수의 분수 표현 2

스피드 정답 : 01쪽
친절한 풀이 : 11쪽

소수점 아래 첫째 자리부터 순환마디가 시작되지 않는 순환소수

❶ 구하고자 하는 순환소수를 x로 놓는다.

❷ ❶의 양변에 소수점 아래에서 순환하지 않는 숫자의 개수만큼 10의 거듭제곱을 곱한다.

❸ ❶의 양변에
(소수점 아래 순환하지 않는 숫자의 개수) + (순환마디의 숫자의 개수)
만큼 10의 거듭제곱을 곱한다.

❹ ❸ − ❷를 하여 x의 값을 구한다.

참고 소수 부분을 같게 만든 후 빼면 소수 부분이 사라진다.

❶ $x=0.1\dot{2}=0.1222\cdots$

❷ $10x=1.222\cdots$

❸ $100x=12.222\cdots$

❹
$$\begin{array}{rl} & 100x=12.222\cdots \\ -) & 10x=\ \ 1.222\cdots \\ \hline & 90x=11 \end{array} \qquad \therefore x=\frac{11}{90}$$

---

* **다음은 순환소수를 분수로 고치는 과정이다. □ 안에 알맞은 수를 쓰시오.**

01 $0.1\dot{4}$

① $0.1\dot{4}$를 x라 하면 $x=0.1444\cdots$

② x에 $\square$을 곱하면 $\square x=1.444\cdots$

③ x에 $\square$을 곱하면 $\square x=14.444\cdots$

④
$$\begin{array}{rl} & 100x=14.444\cdots \leftarrow ③ \\ -) & 10x=\ \ 1.444\cdots \leftarrow ② \\ \hline & \square x=13 \end{array}$$

$\therefore x=\square$

02 $2.1\dot{2}$

① $2.1\dot{2}$를 x라 하면 $x=2.1222\cdots$

② x에 $\square$을 곱하면 $\square x=21.222\cdots$

③ x에 $\square$을 곱하면 $\square x=212.222\cdots$

④
$$\begin{array}{rl} & \square x=212.222\cdots \leftarrow ③ \\ -) & \square x=\ \ 21.222\cdots \leftarrow ② \\ \hline & \square x=191 \end{array}$$

$\therefore x=\square$

03 $0.0\dot{6}\dot{2}$

① $0.0\dot{6}\dot{2}$를 x라 하면 $x=0.0626262\cdots$

② x에 $\square$을 곱하면 $10x=\square$

③ x에 $\square$을 곱하면
$1000x=\square$

④
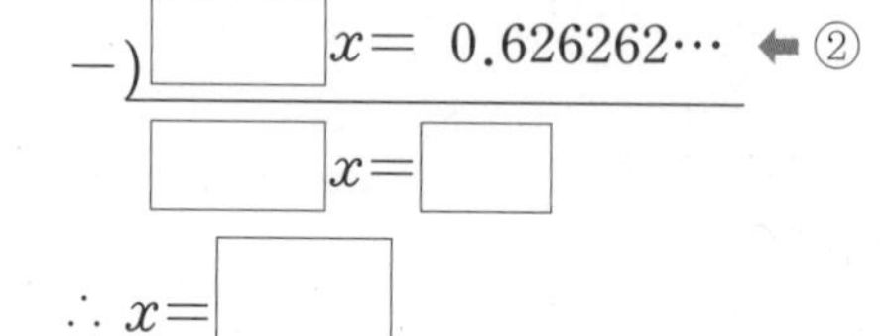
$$\begin{array}{rl} & \square x=62.626262\cdots \leftarrow ③ \\ -) & \square x=\ \ 0.626262\cdots \leftarrow ② \\ \hline & \square x=\square \end{array}$$

$\therefore x=\square$

04 $0.2\dot{3}\dot{1}$

① $0.2\dot{3}\dot{1}$을 x라 하면 $x=0.2313131\cdots$

② x에 $\square$을 곱하면 $\square x=2.313131\cdots$

③ x에 $\square$을 곱하면
$\square x=231.313131\cdots$

④
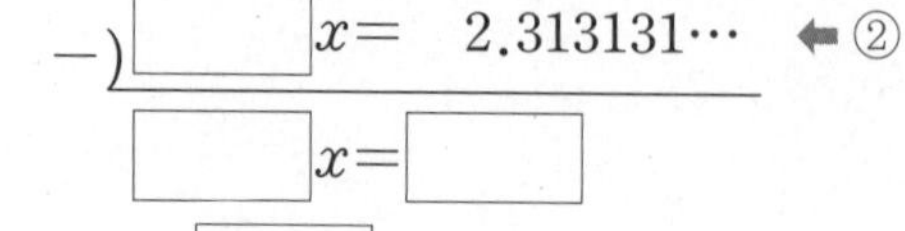
$$\begin{array}{rl} & \square x=231.313131\cdots \leftarrow ③ \\ -) & \square x=\ \ 2.313131\cdots \leftarrow ② \\ \hline & \square x=\square \end{array}$$

$\therefore x=\square$

※ 다음 순환소수를 기약분수로 나타내시오.

05 $0.0\dot{3}$

▶ $x=0.0333\cdots$으로 놓으면

$$\begin{array}{r} 100x=3.333\cdots \\ -)\ \ 10x=0.333\cdots \\ \hline 90x=3 \end{array}$$

$\therefore x=\dfrac{3}{90}=\square$

06 $0.0\dot{5}$

07 $0.6\dot{5}$

08 $2.3\dot{6}$

09 $0.01\dot{2}$

10 $1.01\dot{7}$

11 $5.41\dot{8}$

12 $0.\dot{3}0\dot{4}$

13 $3.6\dot{2}\dot{5}$

시험에는 이렇게 나온대.

14 다음은 순환소수 $2.1\dot{5}$를 분수로 나타내는 과정이다. □ 안에 알맞은 수로 옳지 않은 것은?

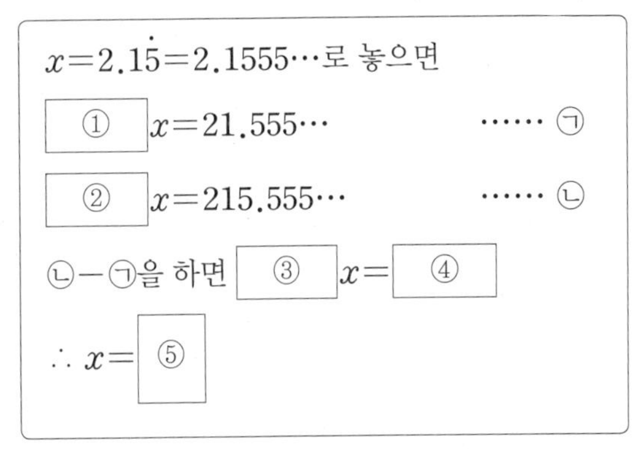

$x=2.1\dot{5}=2.1555\cdots$로 놓으면

$\boxed{①}\,x=21.555\cdots$ …… ㉠

$\boxed{②}\,x=215.555\cdots$ …… ㉡

㉡−㉠을 하면 $\boxed{③}\,x=\boxed{④}$

$\therefore x=\boxed{⑤}$

① 10　② 100　③ 99

④ 194　⑤ $\dfrac{97}{45}$

ACT 06

순환소수의 빠른 분수 표현

스피드 정답 : 02쪽
친절한 풀이 : 11쪽

❶ 분모 : 순환마디 숫자의 개수만큼 9를 쓰고, 소수점 아래의 순환하지 않는 숫자의 개수만큼 0을 쓴다.
❷ 분자 : (전체의 수) − (순환하지 않는 수)

• 소수점 아래 첫째 자리부터 순환마디가 시작될 때

$0.\dot{a}b\dot{c} = \frac{abc}{999}$

전체의 수
순환마디 숫자 3개

• 소수점 아래 첫째 자리부터 순환마디가 시작되지 않을 때

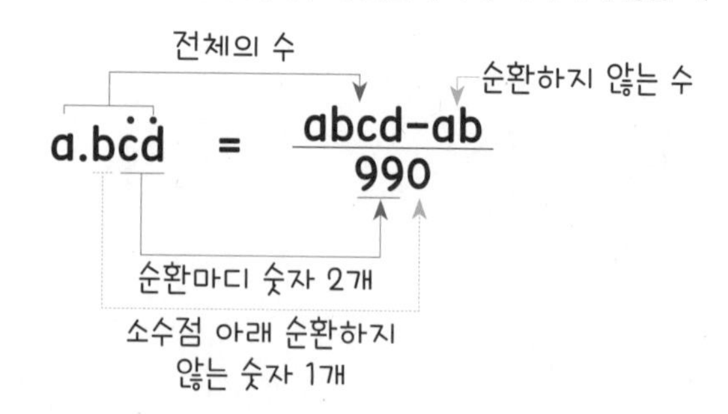

* 다음은 순환소수를 기약분수로 고치는 과정이다. □ 안에 알맞은 수를 쓰시오.

01 $0.\dot{7}$ ➡ $0.\dot{7} = \frac{7}{\square}$

전체의 수
순환마디 숫자 1개

02 $0.\dot{7}\dot{3}$ ➡ $0.\dot{7}\dot{3} = \frac{73}{\square}$

전체의 수
순환마디 숫자 2개

03 $1.\dot{5}\dot{8}$ ➡

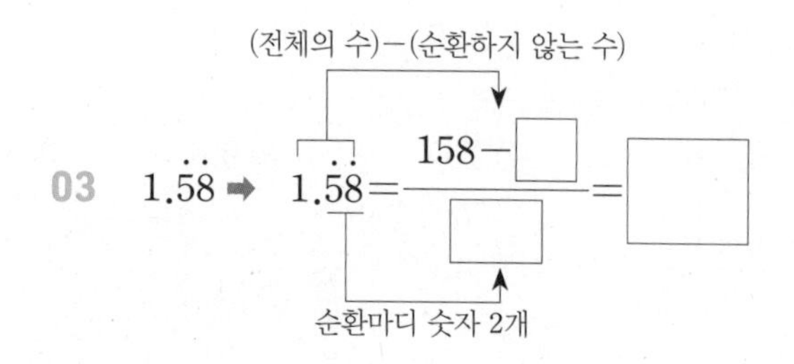

04 $0.8\dot{3}$ ➡

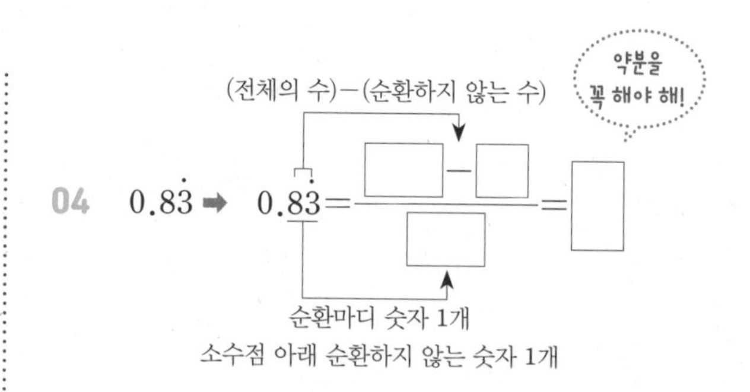

05 $1.9\dot{5}$ ➡

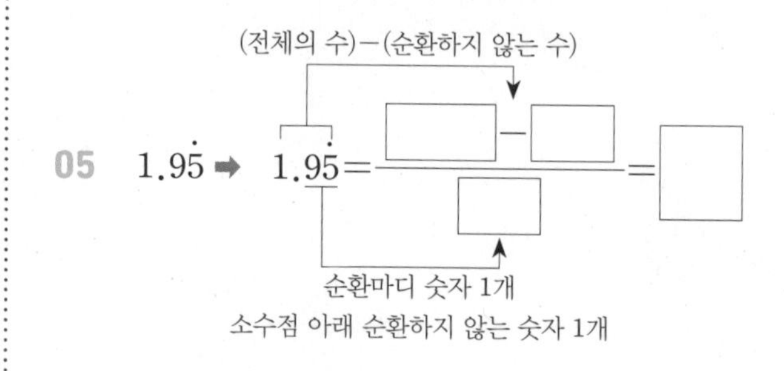

06 $0.4\dot{1}\dot{2}$ ➡

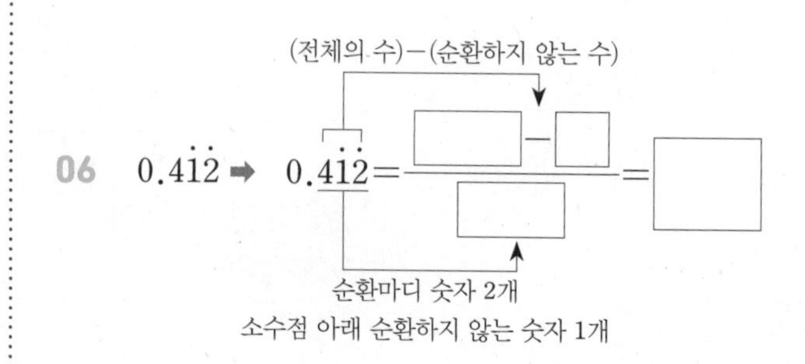

* **다음 순환소수를 기약분수로 나타내시오.**

07 $0.\dot{5}$

08 $3.\dot{1}$

09 $0.\dot{2}\dot{1}$

10 $1.\dot{5}\dot{6}$

11 $0.\dot{3}0\dot{4}$

12 $1.\dot{0}3\dot{1}$

13 $0.1\dot{6}$

14 $0.3\dot{5}$

15 $0.0\dot{7}\dot{8}$

16 $2.1\dot{3}\dot{4}$

17 $0.37\dot{1}$

시험에는 이렇게 나온대.

18 다음 중 순환소수를 기약분수로 <u>잘못</u> 나타낸 것은?

① $0.\dot{1}=\frac{1}{9}$ ② $1.\dot{4}=\frac{13}{9}$

③ $0.\dot{6}\dot{7}=\frac{67}{99}$ ④ $1.\dot{1}\dot{8}=\frac{18}{11}$

⑤ $0.56\dot{7}=\frac{511}{900}$

ACT 07 순환소수의 대소 관계

스피드 정답 : 02쪽
친절한 풀이 : 12쪽

자리의 숫자로 비교하는 방법

순환소수의 순환마디를 풀어 쓴 후, 소수점 앞자리부터 차례대로 각 자리의 숫자의 크기를 비교한다.

예 $0.\dot{8} = 0.88888\cdots$

$0.\dot{8}\dot{7} = 0.878787\cdots$

➡ 소수점 아래 첫째 자리는 8로 같다.
소수점 아래 둘째 자리는 각각 8과 7이므로 $0.\dot{8}$이 더 크다.

순환소수를 분수로 고쳐서 비교하는 방법

순환소수를 분수로 나타낸 후, 통분하여 분자의 크기를 비교한다.

예 $0.\dot{8} = \frac{8}{9} = \frac{88}{99}$

$0.\dot{8}\dot{7} = \frac{87}{99}$

➡ 분모의 최소공배수인 99로 통분하면 분자가 각각 88과 87이므로 $0.\dot{8}$이 더 크다.

---

* 다음 순환소수의 순환마디를 풀어쓰고 더 큰 것에 ○표를 하시오.

01 $0.3\dot{9}$ ➡ ____________ (　　)
$0.\dot{3}\dot{9}\dot{5}$ ➡ ____________ (　　)

02 $0.\dot{4}$ ➡ ____________ (　　)
$0.\dot{4}\dot{8}$ ➡ ____________ (　　)

03 $1.14\dot{7}$ ➡ ____________ (　　)
$1.\dot{1}4\dot{7}$ ➡ ____________ (　　)

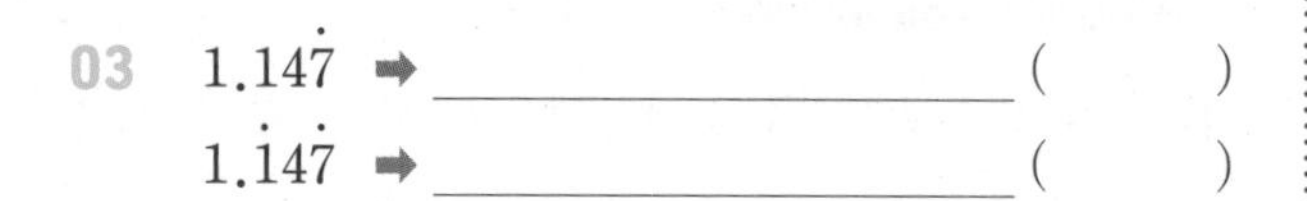

04 $5.\dot{5}$ ➡ ____________ (　　)
$5.5\dot{5}\dot{6}$ ➡ ____________ (　　)

* 다음 순환소수의 크기를 비교하여 ○ 안에 >, < 중 알맞은 것을 쓰시오.

05 $0.490490490\cdots$ ○ $0.494949\cdots$

06 $0.257999\cdots$ ○ $0.257777\cdots$

07 $0.080808\cdots$ ○ $0.808080\cdots$

08 $1.001001\cdots$ ○ $0.99999\cdots$

소수점 아래에 아무리 큰 수가 나와도 자연수 부분이 큰 수가 커.

09 $2.345345\cdots$ ○ $2.3454545\cdots$

✽ **다음은 순환소수를 분수로 고쳐서 크기를 비교하는 과정이다. 빈칸에 알맞은 것을 쓰시오.**

10 $0.\dot{5}=\frac{5}{\square}$, $0.\dot{5}\dot{0}=\frac{\square}{\square}$

➡ 두 분모의 최소공배수인 $\square$로 통분하면

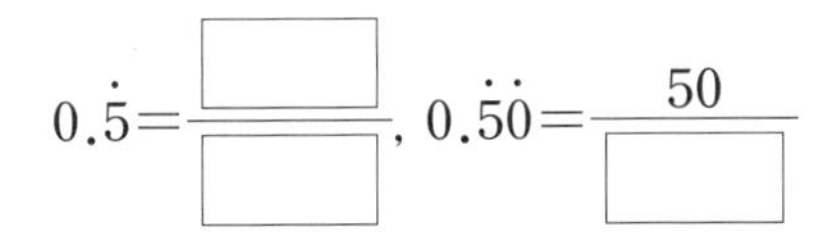

$0.\dot{5}=\frac{\square}{\square}$, $0.\dot{5}\dot{0}=\frac{50}{\square}$

$\therefore$ $0.\dot{5}$ ◯ $0.\dot{5}\dot{0}$

11 $0.0\dot{8}=\frac{\square}{\square}$, $0.0\dot{8}\dot{1}=\frac{\square}{\square}$

➡ 두 분모의 최소공배수인 $\square$으로 통분하면

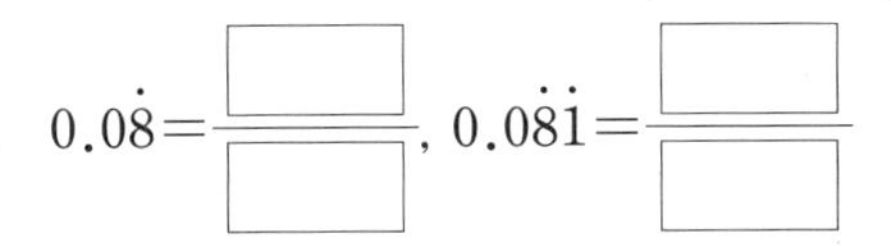

$0.0\dot{8}=\frac{\square}{\square}$, $0.0\dot{8}\dot{1}=\frac{\square}{\square}$

$\therefore$ $0.0\dot{8}$ ◯ $0.0\dot{8}\dot{1}$

12 $1.\dot{3}\dot{4}=\frac{\square}{\square}$, $1.3\dot{4}=\frac{\square}{\square}$

➡ 두 분모의 최소공배수인 $\square$으로 통분하면

$1.\dot{3}\dot{4}=\frac{\square}{\square}$, $1.3\dot{4}=\frac{\square}{\square}$

$\therefore$ $1.\dot{3}\dot{4}$ ◯ $1.3\dot{4}$

13 $3.\dot{4}=\frac{\square}{\square}$, $3.4\dot{1}\dot{7}=\frac{\square}{\square}$

➡ 두 분모의 최소공배수인 $\square$으로 통분하면

$3.\dot{4}=\frac{\square}{\square}$, $3.4\dot{1}\dot{7}=\frac{\square}{\square}$

$\therefore$ $3.\dot{4}$ ◯ $3.4\dot{1}\dot{7}$

✽ **다음 순환소수의 크기를 비교하려고 한다. ○ 안에 >, < 중 알맞은 것을 쓰시오.**

14 $4.\dot{5}$ ◯ $4.\dot{5}\dot{6}$

15 $0.2\dot{4}$ ◯ $0.\dot{2}\dot{4}$

16 $1.0\dot{5}$ ◯ $1.\dot{0}\dot{5}$

17 $1.\dot{6}2\dot{0}$ ◯ $1.6\dot{2}$

18 $4.9\dot{1}$ ◯ $4.9\dot{1}\dot{3}$

시험에는 이렇게 나온대.

19 다음의 수를 크기가 작은 것부터 차례대로 나열하시오.

㉠ 1.962	㉡ $1.96\dot{2}$
㉢ $1.9\dot{6}\dot{2}$	㉣ $1.\dot{9}6\dot{2}$

______, ______, ______, ______

ACT+ 08

필수 유형 훈련

스피드 정답 : 02쪽
친절한 풀이 : 12쪽

유형 1 유리수와 소수의 관계

소수 ┌ 유한소수 ──────────┐
　　 └ 무한소수 ┌ 순환소수 ──┘ ➡ 유리수
　　 　　　　　 └ 순환하지 않는 무한소수

Skill

분수로 나타낼 수 있어야만 유리수야.
순환하지 않는 무한소수는 분수로 나타낼 수 없어!

01 다음 설명 중 옳은 것에는 ○표, 옳지 않은 것에는 ×표를 하시오.

(1) 유한소수는 모두 유리수이다. (　　)

(2) 유리수는 모두 분수로 나타낼 수 있다. (　　)

(3) 무한소수는 모두 순환소수이다. (　　)

(4) 무한소수는 모두 유리수가 아니다. (　　)

(5) 순환하지 않는 무한소수는 유리수가 아니다. (　　)

(6) 정수가 아닌 유리수는 유한소수 또는 순환소수로 나타낼 수 있다. (　　)

(7) 유한소수로 나타낼 수 없는 분수는 모두 순환소수로 나타낼 수 없다. (　　)

02 다음 설명 중 옳지 않은 것은?

① 순환소수는 모두 유리수이다.
② 유한소수 중에는 유리수가 아닌 것도 있다.
③ 정수가 아닌 유리수를 소수로 나타내면 유한소수 또는 순환소수이다.
④ 순환소수는 분수로 나타낼 수 있다.
⑤ 순환하지 않는 무한소수는 분수로 나타낼 수 없다.

유형 2 순환소수의 소수점 아래 n번째 자리의 숫자

❶ 순환마디의 숫자의 개수를 구한다.

❷ n÷(순환마디의 숫자의 개수)의 나머지를 구한다. 이때

┌ 나누어떨어지면 ➡ 순환마디의 마지막 숫자
└ 나머지가 ●이면
　　➡ 순환마디의 ●번째 자리의 숫자

가 소수점 아래 n번째 자리의 숫자이다.

Skill

n÷(순환마디의 숫자의 개수)에서 몫은 순환마디가 반복된 횟수를, 나머지는 순환마디의 몇 번째 자리의 숫자인지를 나타내.

03 다음 과정의 빈칸을 채워 각 순환소수의 소수점 아래 20번째 자리의 숫자를 구하시오.

(1) $0.\dot{8}\dot{7}$

순환마디의 숫자 : 8, □ ➡ 2개
$20 \div 2 = 10$으로 나누어떨어지므로
소수점 아래 20번째 자리의 숫자는 순환마디의 마지막 숫자와 같은 □이다.

(2) $0.\dot{3}0\dot{1}$

순환마디의 숫자 : □, □, 1 ➡ □개
$20 \div 3 = 6 \cdots 2$에서 나머지가 2이므로
소수점 아래 20번째 자리의 숫자는 순환마디의 □번째 자리의 숫자와 같은 □이다.

04 분수 $\frac{3}{11}$에 대하여 다음 물음에 답하시오.

(1) $\frac{3}{11}$을 순환소수로 나타내시오.

(2) 소수점 아래 100번째 자리의 숫자를 구하시오.

유형 3 분수를 유한소수로 만드는 자연수

❶ 분수를 기약분수로 나타낸다.
❷ 분모를 소인수분해한다.
❸ 분모에 2 또는 5 이외의 소인수가 있으면 그 소인수의 배수를 곱한다.

Skill

유한소수가 되려면 분모의 소인수가 2나 5뿐이어야 해.

05 다음 분수에 어떤 자연수 x를 곱하였을 때 유한소수가 되게 하는 가장 작은 자연수 x를 구하시오.

(1) $\frac{1}{2\times3\times5}$

(2) $\frac{1}{3\times5\times7}$

(3) $\frac{7}{2\times3^2\times5\times7}$

06 다음 분수에 어떤 자연수 x를 곱하였을 때 유한소수가 되게 하는 가장 작은 자연수 x를 구하시오.

(1) $\frac{1}{14}$

(2) $\frac{5}{210}$

(3) $\frac{3}{420}$

유형 4 분수를 순환소수로 만드는 미지수

분모를 소인수분해했을 때
소인수가 2 또는 5 이외의 다른 소인수가 있어야 한다.

Skill

순환소수가 되게 하는 미지수는 여러 개야. 답이 하나가 아닐 수 있다는 말이지!

07 분수 $\frac{x}{12}$를 소수로 나타내면 순환소수가 될 때, 다음 중 x의 값이 될 수 있는 것을 모두 고르면? (정답 2개)

① 2 ② 3 ③ 4
④ 6 ⑤ 12

08 분수 $\frac{x}{105}$를 소수로 나타내면 순환소수가 될 때, 다음 중 x의 값이 될 수 없는 것은?

① 10 ② 21 ③ 28
④ 35 ⑤ 39

09 분수 $\frac{45}{x}$를 소수로 나타내면 순환소수가 될 때, 다음 중 x의 값이 될 수 없는 것은?

① 7 ② 14 ③ 18
④ 27 ⑤ 44

TEST 01

단원 평가

01 다음 분수 중 소수로 나타내었을 때, 유한소수로 나타낼 수 있는 것은?

① $\frac{4}{9}$　② $\frac{4}{12}$　③ $\frac{4}{24}$　④ $\frac{6}{30}$　⑤ $\frac{2}{35}$

07 다음 중 분수를 순환마디에 점을 찍어 나타낸 것으로 옳지 않은 것은?

① $\frac{4}{11} \Rightarrow 0.\dot{3}\dot{6}$　② $\frac{2}{15} \Rightarrow 0.1\dot{3}$　③ $\frac{11}{18} \Rightarrow 0.6\dot{1}$　④ $\frac{4}{24} \Rightarrow 0.\dot{1}\dot{6}$　⑤ $\frac{10}{27} \Rightarrow 0.\dot{3}7\dot{0}$

* 다음 분수를 소수로 고친 후 순환마디에 점을 찍어 간단히 나타내시오. (02~06)

02 $\frac{2}{3}$ ➡ ________

03 $\frac{11}{6}$ ➡ ________

04 $\frac{7}{9}$ ➡ ________

05 $\frac{5}{12}$ ➡ ________

06 $\frac{5}{18}$ ➡ ________

* 다음 순환소수를 기약분수로 나타내시오. (08~12)

08 $0.\dot{8}$

09 $1.\dot{3}$

10 $1.\dot{2}\dot{7}$

11 $1.3\dot{5}$

12 $1.\dot{0}3\dot{6}$

스피드 정답 : 02쪽
친절한 풀이 : 13쪽

* 점수 *

* 다음 수를 크기가 작은 것부터 차례대로 나열하시오. (13~16)

13

㉠ 0.42 ㉡ $0.4\dot{2}$ ㉢ $0.\dot{4}\dot{2}$

______, ______, ______

14

㉠ $1.\dot{0}\dot{9}$ ㉡ 1.09 ㉢ $1.0\dot{9}$

______, ______, ______

15

㉠ $0.\dot{5}1\dot{2}$ ㉡ $0.5\dot{1}\dot{2}$
㉢ 0.512 ㉣ $0.51\dot{2}$

______, ______, ______, ______

16

㉠ $1.43\dot{1}\dot{9}$ ㉡ $1.\dot{4}31\dot{9}$
㉢ 1.4319 ㉣ $1.431\dot{9}$
㉤ $1.4\dot{3}1\dot{9}$

______, ______, ______, ______, ______

* 다음 분수에 대하여 물음에 답하시오. (17~18)

17 $\frac{4}{11}$

(1) 분수 $\frac{4}{11}$를 순환소수로 나타내시오.

(2) 소수점 아래 100번째 자리의 숫자를 구하시오.

18 $\frac{5}{27}$

(1) 분수 $\frac{5}{27}$를 순환소수로 나타내시오.

(2) 소수점 아래 200번째 자리의 숫자를 구하시오.

* 다음 분수가 유한소수가 되게 하는 가장 작은 자연수 x를 구하시오. (19~21)

19 $\frac{5}{18} \times x$

20 $\frac{13}{60} \times x$

21 $\frac{42}{330} \times x$

쉬어 가기

스도쿠 게임

＊ 게임 규칙

❶ 모든 가로줄, 세로줄에 각각 1에서 9까지의 숫자를 겹치지 않게 배열한다.

❷ 가로, 세로 3칸씩 이루어진 9칸의 격자 안에도 1에서 9까지의 숫자를 겹치지 않게 배열한다.

1	2		3			4		
	5	9	1	4				
4	6	7			9	3		8
2			8			6		
8	9			1			7	
7		5			4			1
6			7			9	4	
				5		7	8	
		4			6			2

답

1	2	8	3	6	7	4	5	9
3	5	9	1	4	8	2	6	7
4	6	7	5	2	9	3	1	8
2	4	1	8	7	5	6	9	3
8	9	6	2	1	3	5	7	4
7	3	5	6	9	4	8	2	1
6	8	2	7	3	1	9	4	5
9	1	3	4	5	2	7	8	6
5	7	4	9	8	6	1	3	2

Chapter Ⅱ

식의 계산

keyword

지수법칙, 단항식의 곱셈과 나눗셈, 다항식의 사칙연산,
식의 값, 대입, 등식의 변형

VISUAL IDEA 2

지수법칙

Ⓥ 지수법칙 (1)

옛날에 배운 것 충전하기! a^m은 'a를 m번 곱한 것'

$$a^m = \underbrace{a \times a \times \cdots \times a}_{m번}$$

밑 ↑ 지수

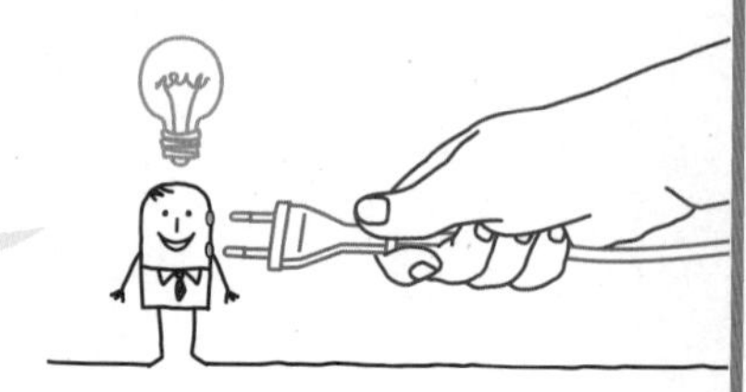

▶ **거듭제곱의 곱셈** "곱셈은 덧셈이 된다!"

$$a^m \times a^n = a^{m+n}$$

밑이 같은 두 거듭제곱을 곱할 때에는
지수끼리 더한다.

$2^2 \times 2^3$

$= \underbrace{(2 \times 2)}_{2번} \times \underbrace{(2 \times 2 \times 2)}_{3번}$ → (2+3)번

$= 2^{2+3}$

2를 모두 (2+3)번 곱한 것과 같아!

▶ **거듭제곱의 거듭제곱** "거듭제곱은 곱셈이 된다!"

$$(a^m)^n = a^{m \times n}$$

거듭제곱을 다시 거듭제곱할 때에는
지수끼리 곱한다.

$(2^2)^3$

$= 2^2 \times 2^2 \times 2^2$ ← 2^2을 3번 곱한 것

$= 2^{2+2+2}$

$= 2^{2 \times 3}$

2를 3번 더한 것은 2×3과 같아.

Ⅴ 지수법칙 (2)

▶ **거듭제곱의 나눗셈** "나눗셈은 뺄셈이 된다!"

$$a^m \div a^n = \begin{cases} m > n\text{이면} & a^{m-n} \\ m = n\text{이면} & 1 \\ m < n\text{이면} & \dfrac{1}{a^{n-m}} \end{cases}$$

$$2^3 \div 2^2 = \frac{\cancel{2}\times\cancel{2}\times 2}{\cancel{2}\times\cancel{2}} = 2^{3-2}$$

$$2^3 \div 2^3 = \frac{\cancel{2}\times\cancel{2}\times\cancel{2}}{\cancel{2}\times\cancel{2}\times\cancel{2}} = 1$$

$$2^2 \div 2^3 = \frac{\cancel{2}\times\cancel{2}}{\cancel{2}\times\cancel{2}\times 2} = \frac{1}{2^{3-2}}$$

▶ **곱과 몫의 거듭제곱** "지수를 분배해서 각각 거듭제곱한다!"

$$(ab)^m = a^m b^m$$

$$\left(\frac{a}{b}\right)^m = \frac{a^m}{b^m}$$

$$(2\times 3)^2 = (2\times 3)\times(2\times 3)$$
$$= (2\times 2)\times(3\times 3)$$
$$= 2^2\times 3^2$$

$$\left(\frac{2}{3}\right)^2 = \frac{2}{3}\times\frac{2}{3} = \frac{2^2}{3^2}$$

자칫 잘못 생각하기 쉬운 지수법칙

- $2^2 + 2^3 \neq 2^{2+3}$ ←----- 덧셈은 덧셈이 아니다.
- $2^2 \times 2^3 \neq 2^{2\times 3}$ ←----- 곱셈은 곱셈이 아니다.
- $2^2 \div 2^3 \neq 2^{2\div 3}$ ←----- 나눗셈은 나눗셈이 아니다.
- $2^2 \times 5^3 \neq 2^{2+3}$ ←----- 밑이 다르면 안 된다.
- $(2^2)^3 \neq 2^{2^3}$ ←----- 거듭제곱은 거듭제곱이 아니다.
- $2^3 \div 2^3 \neq 0$ ←----- 같은 수로 나누면 몫은 0이 아니다.

ACT 09

지수법칙 1 _지수의 합

스피드 정답 : 02쪽
친절한 풀이 : 14쪽

거듭제곱의 곱셈

밑이 같을 때, 거듭제곱으로 나타낸 수의 곱은 지수끼리 더한다.

m, n이 자연수일 때 $a^m \times a^n = a^{m+n}$

예 $2^2 \times 2^3 = \underbrace{\overbrace{(2\times2)}^{\text{2를 2번 곱함}} \times \overbrace{(2\times2\times2)}^{\text{2를 3번 곱함}}}_{\text{2를 5번 곱함}} = 2^{2+3} = 2^5$

참고 a^m ➡ a를 m번 곱한 것, $a \neq 0$이면 $a = a^1$

*** 다음 □ 안에 알맞은 수를 쓰시오.**

01 $2^5 = 2\times2\times2\times2\times2$ ➡ 2를 □번 곱한 것

02 $3^4 = 3\times3\times3\times3$ ➡ 3을 □번 곱한 것

03 2를 7번 곱한 것 ➡ $2^{\square}$

04 4를 3번 곱한 것 ➡ $4^{\square}$

05 $a\times a\times a\times a\times a\times a = a^{\square}$

06 $x\times x\times x\times x = x^{\square}$

*** 다음 □ 안에 알맞은 수를 쓰시오.**

07 $3^2\times3^3 = (3\times3)\times(3\times3\times3)$
$= 3^{\square+\square} = 3^{\square}$

08 $5^4\times5^2 = (5\times5\times5\times5)\times(5\times5)$
$= 5^{\square+\square} = 5^{\square}$

09 $a^2\times a^3 = (a\times a)\times(a\times a\times a)$
$= a^{\square+\square} = a^{\square}$

10 $a\times a^4 = a\times(a\times a\times a\times a)$
$= a^{\square+\square} = a^{\square}$

지수가 쓰여 있지 않으면 1이 생략된 거야.

11 $x\times x^2\times y\times y^2 = x\times(x\times x)\times y\times(y\times y)$
$= x^{\square+\square}y^{\square+\square}$
$= x^{\square}y^{\square}$

지수법칙은 밑이 같을 때만 성립해.

* 다음 식을 간단히 하시오.

12 $2^7 \times 2^2 = 2^{\square + \square} = 2^{\square}$

계산은 하지 말고 거듭제곱 형태로 두자.

13 $a^5 \times a^3$

14 $x^3 \times x^6$

15 $y \times y^7$

$y = y^1$

16 $3^3 \times 3^4$

17 $5^7 \times 5^8$

18 $z^5 \times z$

19 $2^2 \times 2 \times 2^5 = 2^{2+\square+\square} = 2^{\square}$

20 $x^4 \times x^3 \times x^3$

21 $3^4 \times 3^2 \times 3^3$

22 $x^2 \times y \times x^5 \times y^6$

23 $2 \times 2^2 \times 3 \times 3^3 \times 2^5$

시험에는 이렇게 나온대.

24 다음 중 □ 안에 들어갈 수가 가장 작은 것은?

① $a^2 \times a^{\square} = a^5$
② $b \times b \times b \times b = b^{\square}$
③ $a^{10} \times a^{\square} = a^{11}$
④ $x \times x^2 \times y^2 \times y^2 = x^{\square} y^4$
⑤ $x \times x^{\square} \times x^3 \times x^2 = x^8$

ACT 10

지수법칙 2 _지수의 곱

스피드 정답 : 03쪽
친절한 풀이 : 14쪽

거듭제곱의 거듭제곱

거듭제곱으로 나타낸 수의 거듭제곱은 지수끼리 곱한다.

m, n이 자연수일 때 $(a^m)^n = a^{m \times n}$

예 $(2^2)^3 = \underbrace{2^2 \times 2^2 \times 2^2}_{2^2\text{을 3번 곱함}} = 2^{2+2+2} = 2^{2\times 3} = 2^6$

주의 $(a^m)^n = a^{m+n}$으로 계산하지 않도록 주의한다.

* 다음 □ 안에 알맞은 수를 쓰시오.

01 $(2^4)^2 = 2^4 \times 2^4 = 2^{\square \times 2} = 2^{\square}$

02 $(3^3)^4 = 3^3 \times 3^3 \times 3^3 \times 3^3 = 3^{\square \times 4} = 3^{\square}$

03 $(5^2)^3 = 5^2 \times 5^2 \times 5^2 = 5^{\square \times 3} = 5^{\square}$

04 $(a^3)^2 = a^3 \times a^3 = a^{\square \times 2} = a^{\square}$

05 $(b^5)^4 = b^5 \times b^5 \times b^5 \times b^5 = b^{\square \times 4} = b^{\square}$

06 $(x^7)^3 = x^7 \times x^7 \times x^7 = x^{\square \times 3} = x^{\square}$

* 다음 식을 간단히 하시오.

07 $(3^5)^2$

08 $(2^2)^6$

09 $(a^4)^5$

10 $(b^7)^3$

11 $(x^5)^6$

12 $(y^3)^4$

＊ 다음 □ 안에 알맞은 수를 쓰시오.

13 $(2^4)^2\times(2^3)^5=2^{\square}\times2^{15}=2^{\square+15}=2^{\square}$

14 $(5^4)^3\times(5^2)^5=5^{12}\times5^{\square}=5^{12+\square}=5^{\square}$

15 $(a^3)^2\times(a^4)^2\times(a^5)^3=a^{\square}\times a^8\times a^{\square}$
$=a^{\square+8+\square}=a^{\square}$

16 $(a^2)^4\times(a^3)^4\times(b^4)^2\times(b^3)^3$
$=a^{\square}\times a^{12}\times b^{\square}\times b^9$
$=a^{\square+12}\times b^{\square+9}=a^{\square}b^{\square}$

17 $\{(x^5)^2\}^4=(x^{\square\times2})^4=(x^{\square})^4=x^{\square\times4}$
$=x^{\square}$

18 $\{(y^3)^2\}^5=(y^{\square\times2})^5=(y^{\square})^5=y^{\square\times5}=y^{\square}$

＊ 다음 식을 간단히 하시오.

19 $3\times(3^4)^2$

20 $(7^2)^5\times(7^6)^4$

21 $(x^3)^4\times(x^2)^3\times y\times(y^3)^3$

22 $x\times(x^3)^3\times y\times(y^6)^2$

23 $\{(a^2)^3\}^2$

24 $\{(b^6)^3\}^2$

시험에는 이렇게 나온대.

25 $(5^2)^3=5^a$, $(7^3)^2=7^b$을 만족시키는 a, b에 대하여 $a+b$의 값은?

① 8 ② 9 ③ 10
④ 11 ⑤ 12

ACT 11

지수법칙 3 _지수의 차

스피드 정답 : 03쪽
친절한 풀이 : 14쪽

거듭제곱의 나눗셈

밑이 같을 때, 거듭제곱으로 나타낸 수끼리의 나눗셈은 지수끼리 뺀다.

$a \neq 0$이고, m, n이 자연수일 때

$$a^m \div a^n = \begin{cases} a^{m-n} & (m>n) \\ 1 & (m=n) \\ \dfrac{1}{a^{n-m}} & (m<n) \end{cases}$$

예 $2^3 \div 2^2 = \dfrac{2\times2\times2}{2\times2} = 2^{3-2} = 2$

예 $2^3 \div 2^3 = \dfrac{2\times2\times2}{2\times2\times2} = 1$

예 $2^2 \div 2^3 = \dfrac{2\times2}{2\times2\times2} = \dfrac{1}{2^{3-2}} = \dfrac{1}{2}$

주의 거듭제곱의 나눗셈을 할 때에는 먼저 두 지수의 크기를 비교한다.

＊ 다음 □ 안에 알맞은 수를 쓰시오.

01 $2^4 \div 2^2 = \dfrac{2\times2\times2\times2}{2\times2} = 2^{\square}$

02 $2^4 \div 2^2 = 2^{\square-2} = 2^{\square}$

03 $2^3 \div 2^3 = \dfrac{2\times2\times2}{2\times2\times2} = \square$

04 $2^3 \div 2^3 = \square$

05 $2^2 \div 2^4 = \dfrac{2\times2}{2\times2\times2\times2} = \dfrac{1}{2^{\square}}$

06 $2^2 \div 2^4 = \dfrac{1}{2^{4-\square}} = \square$

＊ 다음 식을 간단히 하시오.

07 $a^6 \div a^2 = a^{6-\square} = a^{\square}$

$a^m \div a^n$에서 $m>n$인 경우
$a^m \div a^n = a^{m-n}$

08 $3^5 \div 3^3$

09 $5^8 \div 5^5$

10 $b^7 \div b^4$

11 $x^6 \div x$

12 $y^{10} \div y^6$

13 $a^2 \div a^2$

$a^m \div a^n$에서 $m=n$인 경우
$a^m \div a^n = 1$

14 $b^5 \div b^5$

15 $5^3 \div 5^7$

$a^m \div a^n$에서 $m<n$인 경우
$a^m \div a^n = \frac{1}{a^{n-m}}$

16 $7 \div 7^4$

17 $x^4 \div x^5$

18 $a^7 \div a^2 \div a^2 = a^{\square} \div a^2 = a^{\square}$

앞에서부터 차례로 계산하자.

19 $x^4 \div x^2 \div x^6$

20 $y^9 \div y^4 \div y \div y^2$

21 $b^7 \div b^4 \div b^3$

22 $(2^3)^3 \div 2$

23 $(3^2)^5 \div (3^3)^3$

24 $(x^3)^2 \div x \div (x^2)^2$

25 $(y^4)^3 \div (y^2)^2 \div (y^3)^2$

시험에는 이렇게 나온대.

26 다음 중 계산 결과가 나머지 넷과 다른 것은?

① $a^4 \div a^2$
② $a^5 \div a^3$
③ $a^4 \times a^4 \div a^6$
④ $(a^2)^3 \div a^2$
⑤ $a^8 \div a^4 \div a^2$

ACT 12 지수법칙 4 _지수의 분배

스피드 정답 : 03쪽
친절한 풀이 : 15쪽

지수의 분배

두 수의 곱이나 몫의 거듭제곱은 지수를 각각 분배하여 각각의 거듭제곱으로 바꾼다.

$b \neq 0$이고, n이 자연수일 때

$(ab)^n = a^n b^n$

예 $(3\times5)^2 = (3\times5)\times(3\times5) = (3\times3)\times(5\times5) = 3^2\times5^2$

((3×5)를 2번 곱함, 3을 2번 곱함, 5를 2번 곱함)

$\left(\frac{a}{b}\right)^n = \frac{a^n}{b^n}$

예 $\left(\frac{3}{5}\right)^2 = \frac{3}{5}\times\frac{3}{5} = \frac{3\times3}{5\times5} = \frac{3^2}{5^2}$

($\frac{3}{5}$을 2번 곱함) 분자끼리, 분모끼리 곱한다.

참고 m, n, p가 자연수일 때 ① $\left(\frac{a^m}{b^n}\right)^p = \frac{a^{mp}}{b^{np}}$ ② $(a^m b^n)^p = a^{mp} b^{np}$

---

* 다음 □ 안에 알맞은 수를 쓰시오.

01 $(xy)^3 = (xy)\times(xy)\times(xy)$
$= x\times x\times x\times y\times y\times y$
$= x^{\square}y^{\square}$

02 $(xy)^3 = x^{1\times\square}\times y^{1\times\square} = x^{\square}y^{\square}$

03 $\left(\frac{b^3}{a^2}\right)^4 = \frac{b^3}{a^2}\times\frac{b^3}{a^2}\times\frac{b^3}{a^2}\times\frac{b^3}{a^2}$
$= \frac{b^3\times b^3\times b^3\times b^3}{a^2\times a^2\times a^2\times a^2} = \frac{b^{\square}}{a^{\square}}$

04 $\left(\frac{b^3}{a^2}\right)^4 = \frac{b^{3\times\square}}{a^{2\times\square}} = \frac{b^{\square}}{a^{\square}}$

* 다음 식을 간단히 하시오.

수의 거듭제곱은 계산해야해.

05 $(2a^3)^4 = 2^{\square}\times a^{\square\times4} = \square a^{\square}$

( ) 안의 수가 문자와 수의 곱이면 모든 문자와 수를 거듭제곱해야 해.
$(2a)^2 = 2a^2$(×) $(2a)^2 = 4a^2$(○)

06 $(3b^2)^4$

07 $(2x^7)^4$

08 $(4y^6)^3$

09 $(2a^2b^3)^3$

10 $(5x^4y^5)^2$

11 $\left(\frac{a^2}{3}\right)^4=\frac{a^{2\times\square}}{3^{\square}}=\frac{a^{\square}}{\square}$

12 $\left(\frac{b}{2^2}\right)^3$

13 $\left(\frac{2}{x^2}\right)^4$

14 $\left(\frac{y^5}{2^3}\right)^2$

15 $\left(\frac{b^3}{a^4}\right)^5$

16 $\left(\frac{b}{3a^4}\right)^3$

17 $\left(\frac{3y^3}{x^5}\right)^4$

18 $(-a^2b)^3=(-1)^{\square}a^{2\times\square}b^{\square}=-a^{\square}b^{\square}$

부호에 주의하자.
(음수)^{짝수}=(양수)
(음수)^{홀수}=(음수)

19 $(-2a^5b^3)^4$

20 $(-3xy^2)^3$

21 $\left(-\frac{4}{a^3}\right)^2=(-1)^2\times\frac{4^2}{a^{3\times\square}}=\square$

22 $\left(-\frac{b^2}{3}\right)^3$

23 $\left(-\frac{4x^3}{y^5}\right)^2$

시험에는 이렇게 나온대.

24 $(2xy^2)^3=Ax^By^C$일 때, 상수 A, B, C에 대하여 $A+B+C$의 값은?

① 13 ② 15 ③ 17
④ 19 ⑤ 21

ACT 13

지수법칙 종합

스피드 정답 : 03쪽
친절한 풀이 : 15쪽

거듭제곱의 곱셈

m, n이 자연수일 때 $a^m \times a^n = a^{m+n}$

거듭제곱의 거듭제곱

m, n이 자연수일 때 $(a^m)^n = a^{m \times n}$

거듭제곱의 나눗셈

$a \neq 0$이고, m, n이 자연수일 때

$$a^m \div a^n = \begin{cases} a^{m-n} & (m>n) \\ 1 & (m=n) \\ \dfrac{1}{a^{n-m}} & (m<n) \end{cases}$$

지수의 분배

m, n이 자연수일 때

$(ab)^n = a^n b^n$

$\left(\dfrac{a}{b}\right)^n = \dfrac{a^n}{b^n}$ (단, $b \neq 0$)

*** 다음 식을 간단히 하시오.**

01 $a^7 \times a^3$

02 $x^5 \times x^6 \times x$

03 $a^3 \times b^2 \times a^4 \times b$

04 $(2^5)^3$

05 $(a^4)^2 \times (b^2)^3$

06 $\{(a^4)^3\}^5$

07 $2^{11} \div 2^4$

08 $a^7 \div a^7$

09 $x^6 \div x^2 \div x$

10 $(y^2)^5 \div y \div y^4$

11 $(5a^4b^3)^3$

12 $\left(\frac{y^5}{x^3}\right)^2$

13 $(-ab^2)^4$

14 $(-2x^3y^2)^3$

15 $\left(-\frac{b^5}{a}\right)^3$

16 $\left(-\frac{3x}{y^2}\right)^4$

17 $\left(-\frac{y^7}{5x^4}\right)^2$

＊ 다음은 옳지 않은 식이다. 우변을 고쳐 옳은 식으로 만드시오.

18 $2^4 \times 2^6 = 2^{24}$ ➡ ____________

19 $(a^3b^2)^3 = a^3b^6$ ➡ ____________

20 $x^3 \div x^6 = x^3$ ➡ ____________

21 $a^2 \times b \times b^5 = ab^8$ ➡ ____________

22 $\left(-\frac{a^3}{5}\right)^2 = -\frac{a^5}{5}$ ➡ ____________

시험에는 이렇게 나온대.

23 다음 중 옳은 것을 모두 고르면? (정답 2개)

① $a^3 \times a^4 = a^{12}$
② $a^6 \div a^2 \div a^3 = a$
③ $(a^3b)^3 = a^6b^3$
④ $(-2ab^2)^2 = -4a^2b^4$
⑤ $\left(\frac{a^2}{b^3}\right)^5 = \frac{a^{10}}{b^{15}}$

ACT+ 14

필수 유형 훈련

스피드 정답 : 03쪽
친절한 풀이 : 16쪽

유형 1 미지수 구하기

지수법칙을 이용하여 양변을 간단히 한 후 지수를 비교한다.

$a\neq0$이고, m, n이 자연수일 때

$a^m\times a^n=a^{m+n}$

$a^m\div a^n=\begin{cases} a^{m-n} & (m>n) \\ 1 & (m=n) \\ \dfrac{1}{a^{n-m}} & (m<n) \end{cases}$

$(a^m)^n=a^{m\times n}$

$(ab)^n=a^nb^n$

$\left(\dfrac{a}{b}\right)^n=\dfrac{a^n}{b^n}$ (단, $b\neq0$)

Skill

양변을 모두 밑이 같은 거듭제곱 형태로 나타낸 다음 비교해야 해.

* 다음 □ 안에 알맞은 수를 쓰시오.

01 $2^3\times2^{\square}=2^8$

02 $a^{\square}\times a^5=a^{10}$

03 $(5^2)^{\square}=5^{14}$

04 $(x^{\square})^3=x^{12}$

05 $3^{\square}\div3^6=3^2$

06 $\left(\dfrac{a^{\square}}{b^2}\right)^3=\dfrac{a^9}{b^6}$

07 $\left(-\dfrac{3^{\square}}{2^3}\right)^4=\dfrac{3^8}{2^{12}}$

* 다음 식에서 n의 값을 구하시오.

08 $2^2\times2^n=32$

$32=2\times2\times2\times2\times2=2^5$

09 $3^n\times3^3=729$

10 $(2^n)^3=64$

11 $(5^2)^n=625$

12 $3^n\div3^6=9$

13 $\left(\dfrac{2^n}{3^2}\right)^3=\dfrac{512}{729}$

14 $\left(-\dfrac{2^n}{3}\right)^3=-\dfrac{64}{27}$

유형 2 문자를 사용하여 지수식 나타내기

지수식을 문자가 있는 식으로 바꿀 때,
❶ 밑을 소인수분해한다.
❷ 지수법칙을 이용하여 식을 간단히 한다.
❸ 주어진 문자를 대입한다.

15 다음은 $2^2=A$일 때, 주어진 수를 A를 사용하여 나타내는 과정이다. □ 안에 알맞은 수를 쓰시오.

(1) $2^4=(2^2)^{\square}=A^{\square}$

(2) $2^6\div 4=(2^2)^{\square}\div 2^{\square}$
$=A^{\square}\div A=A^{\square-1}=A^2$

(3) $(2^3)^2=2^{\square}=(2^2)^{\square}=A^{\square}$

(4) $\left(\dfrac{2^8}{2^6}\right)^2=\dfrac{2^{\square}}{2^{12}}=\dfrac{(2^2)^{\square}}{(2^2)^6}$
$=\dfrac{A^{\square}}{A^6}=A^{\square-6}=A^{\square}$

16 $3^3=B$일 때, 다음 수를 B를 사용하여 나타내시오.

(1) 3^9

(2) 27^2

(3) $(3^2)^3$

지수법칙을 이용하여 3^n 꼴로 만들고, 3^n을 3^3의 거듭제곱으로 나타내어 보자.

(4) $\left(\dfrac{3^6}{3^2}\right)^3$

유형 3 같은 수의 덧셈식

같은 수의 덧셈은 곱셈으로 바꾸어 계산한다.

$$\underbrace{a^n+a^n+a^n+\cdots+a^n}_{a\text{개}}=a\times a^n=a^{n+1}$$

Skill

반복적으로 더해지는 수의 개수만큼 숫자를 더하는 거야.

＊ 다음 □ 안에 알맞은 수를 쓰시오.

17 $2^3+2^3=2\times 2^3=2^{\square}$
(2^3이 2개)

18 $2^5+2^5=2\times 2^5=2^{\square}$

19 $3^4+3^4+3^4=3\times 3^4=3^{\square}$

20 $5^2+5^2+5^2+5^2+5^2=\square\times 5^2=5^{\square}$

21 $9^6+9^6+9^6=\square\times 9^6=3\times(\square^2)^6=3^{\square}$

22 $4^3+4^3+4^3+4^3=4\times 4^3=4^{\square}=2^{\square}$

23 $16^2+16^2+16^2+16^2=\square\times 16^2=\square\times(4^2)^2$
$=4\times 4^4=4^{\square}=2^{\square}$

VISUAL IDEA
3

단항식의 계산

V 단항식의 곱셈과 나눗셈

단항식은 숫자와 문자의 곱으로 연결되어 있어.

$3x^2y = 3 \times x \times x \times y$

▶ **단항식의 곱셈** "곱셈의 3大 원칙! 숫자끼리, 문자끼리, 그리고 지수법칙"

$$3x^2y \times 5xy^4$$
$$= (3 \times 5) \times (x^2y \times xy^4)$$
$$= 15x^3y^5$$

❶ 계수는 **계수끼리**, 문자는 **문자끼리** 곱한다.

❷ 계수는 계산하고,
문자는 **지수법칙**을 사용하여 간단히 한다.

▶ **단항식의 나눗셈** "나눗셈을 곱셈으로 바꾸어 계산하자."

$$3x^2y \div 5xy^4$$
$$= 3x^2y \times \frac{1}{5xy^4}$$
$$= \frac{3x}{5y^3}$$

❶ **나눗셈을 곱셈으로** 바꾼다.

❷ 단항식의 곱셈으로 계산한다.
분자, 분모를 헷갈리지 말자!

A 단항식의 곱셈과 나눗셈의 혼합 계산

▶ **계산 원리** "차근차근 하나씩 배운대로 적용하자."

$$(-8x^2) \div 4x^5y \times 3(xy)^5$$
$$= (-8x^2) \div 4x^5y \times 3x^5y^5$$
$$= (-8x^2) \times \frac{1}{4x^5y} \times 3x^5y^5$$
$$= \frac{(-8) \times 3}{4} \times \frac{x^2 \times x^5y^5}{x^5y}$$
$$= (-6) \times x^2y^4$$
$$= -6x^2y^4$$

❶ 괄호는 **지수법칙**을 이용하여 푼다.

❷ **나눗셈을 곱셈으로** 바꾼다.

❸ 계수는 **계수끼리**, 문자는 **문자끼리** 곱한다.

❹ 계수는 계산하고,
문자는 지수법칙을 사용하여 간단히 한다.

▶ **빠른 계산** "부호를 먼저 결정하면 계산이 빨라지지."

$$(-8x^2) \div 4x^5y \times 3(xy)^5$$
$$= (-8x^2) \times \frac{1}{4x^5y} \times 3x^5y^5$$
$$= -6x^2y^4$$

❶ 괄호는 **지수법칙**을 이용하여 푼다.
❷ **나눗셈을 곱셈으로** 바꾼다.

❸ 계수를 보고 부호를 먼저 결정한다.
음수가 **홀수** 개이면 ▶ −
음수가 **짝수** 개이면 ▶ +
❹ 계수는 계수끼리, 문자는 같은 문자끼리
계산하여 차례로 연결해 쓴다.

ACT 15

단항식의 곱셈

스피드 정답 : 04쪽
친절한 풀이 : 16쪽

단항식의 곱셈은 거듭제곱을 먼저 계산한 후, **계수**는 **계수**끼리, **문자**는 **문자**끼리 곱한다.

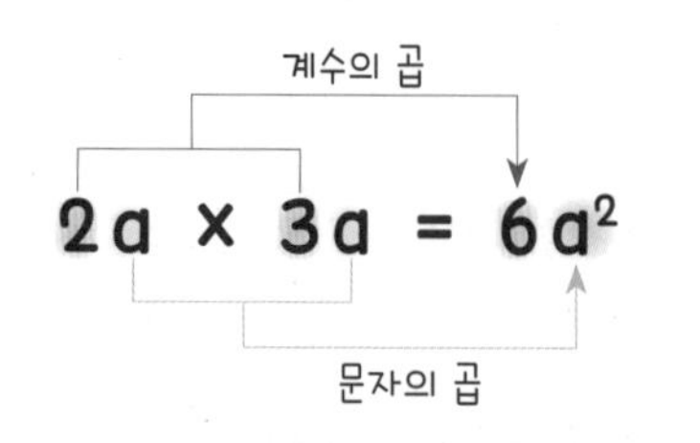

예 $(2ab)^2 \times 5a^2b = 4a^2b^2 \times 5a^2b = 20a^4b^3$ (거듭제곱 계산, 계수의 곱, 문자의 곱)

*** 다음 식을 간단히 하시오.**

01 $5a \times 4ab =$ ☐ (계수의 곱, 문자의 곱)

02 $\frac{1}{3}ab \times 6b$

03 $-7ab \times 3ab$

04 $4xy \times (-xy^2)$

05 $\frac{3}{4}y \times (-8x^2y)$

06 $\frac{1}{2}x^2y \times 4xy^2$

$a^m \times a^n = a^{m+n}$

07 $(-2a^3b^2) \times 3ab$

08 $\left(-\frac{4}{3}a^2b^2\right) \times (-6ab^2)$

09 $(-x^3) \times 5x^2y^5$

10 $\frac{8}{5}x^3y^2 \times \frac{15}{4}xy^2$

11 $7abc^2 \times (-a^2c)$

12 $\left(-\frac{3}{2}x^2y\right) \times \frac{1}{9}xy$

13 $\left(\frac{1}{3}ab\right)^2 \times 27b$

$(ab)^m = a^m b^m$

14 $a^2b^3 \times (4ab)^2$

15 $(-xy)^2 \times (4x^2y)^3$

거듭제곱을 먼저 계산해야 해.

16 $(2x^2y)^3 \times (-xy^3)^4$

17 $\left(\frac{3a^2b^2}{4}\right)^3 \times (8a^3b)^2$

$\left(\frac{a}{b}\right)^m = \frac{a^m}{b^m}$

18 $\left(-\frac{b^2}{2a^4}\right)^3 \times (4a^3)^3$

$(-1)^{(\text{홀수})} = -1$
$(-1)^{(\text{짝수})} = 1$

19 $\left(-\frac{y}{x^2}\right)^3 \times \left(-\frac{x^2}{y}\right)^4$

20 $\left(-\frac{x}{3y^2}\right)^4 \times \left(\frac{9y^3}{x^2}\right)^3$

21 $ab^2 \times 4b \times 3a^3b$

22 $a^5b^2 \times (-2a^2b) \times (-5a^2b^3)$

23 $(3ab^2)^3 \times (a^3b^2)^2 \times 6a^2b$

24 $a^2b \times \left(\frac{3a}{b^3}\right)^2 \times b^5$

25 $\left(\frac{x^2}{y}\right)^2 \times \left(\frac{2y^2}{x^3}\right)^3 \times \left(-\frac{4x}{y^2}\right)$

시험에는 이렇게 나온다.

26 $(xy^2)^2 \times (2x^3y)^3 = Ax^By^C$일 때, 상수 A, B, C에 대하여 $A-B+C$의 값은?

① 4 ② 7 ③ 8
④ 12 ⑤ 26

ACT 16

단항식의 나눗셈

스피드 정답 : 04쪽
친절한 풀이 : 16쪽

[방법1] 분수 꼴로 고치기

나눗셈을 분수 꼴로 고쳐서 계산한다.

$$A \div B = \frac{A}{B}$$

예 $2x^2 \div x = \frac{2x^2}{x} = 2x$

[방법2] 역수로 바꾸기

나누는 식의 역수를 이용하여 곱셈으로 바꾸어 계산한다.

$$A \div B = A \times \frac{1}{B}$$

예 $2x^2 \div x = 2x^2 \times \frac{1}{x} = 2x$

참고 나누는 식이 분수 꼴이면 [방법2]를 이용하여 계산하는 것이 편리하다.

---

* 다음 식의 역수를 구하시오.

01 $\frac{1}{3a}$

역수는 곱해서 1이 되는 수야.

02 $-\frac{5y}{x^2}$

역수를 구할 때 부호를 잊지 말자.

03 $\frac{(-a)^2}{-3b}$

04 a^2b

분모가 없는 것은 분모 1이 생략된 거야.

05 $\frac{2y^2}{(3xy)^3}$

06 $\frac{(-2x^2y)^3}{4x^2}$

* 다음 □ 안에 알맞은 식을 쓰시오.

07 $-2a^3 \div a^2 = \frac{-2a^3}{a^2} = \square$

08 $10ab^2 \div 5ab = 10ab^2 \times \frac{1}{5ab} = \square$

09 $(-8ab) \div 2b = -\frac{8ab}{\square} = \square$

10 $3a^4b^4 \div \frac{3}{2}a^3b^7 = 3a^4b^4 \times \frac{2}{\square} = \square$

11 $-\frac{2}{7}x^6y^4 \div \left(-\frac{x^6}{14y^2}\right)$

$= -\frac{2}{7}x^6y^4 \times \left(-\frac{\square}{x^6}\right) = \square$

12 $12x^2y^3 \div (-3xy)^2 = 12x^2y^3 \div \square$

$= \frac{12x^2y^3}{\square} = \square$

* 다음 식을 간단히 하시오.

13 $10x^5y^2 \div (-5x^2y)$

14 $(-2a^3b^2)^4 \div (-a^2b)^2$

거듭제곱을 먼저 계산해야 해.

15 $12a^2b^2 \div \frac{a}{b^4}$

역수를 이용하여 곱셈으로 바꾸자!

16 $(6a^2b)^3 \div (-3ab^2)^4$

17 $\left(-\frac{x^3}{3y^4}\right)^2 \div \left(\frac{x}{6y^2}\right)^3$

18 $\left(\frac{xy^2}{4}\right)^3 \div \left(\frac{y}{2x}\right)^4$

19 $9a^3 \div 3a \div a$

20 $8a^2b^2 \div a^2b \div 2a^2$

21 $-6x^2y \div 3x \div (-y)$

22 $4x^3y^4 \div (-2xy) \div (-y)^3$

시험에는 이렇게 나온대.

23 다음 중 옳은 것을 모두 고른 것은?

㉠ $(-2a^5) \div 4a^3 \div (-a^2)^2 = -2a^2$
㉡ $a^4 \div a^3 \div a^7 = \frac{1}{a^6}$
㉢ $(-4a^4b)^2 \div 2ab^2 \div (2a^3b)^3 = \frac{1}{a^2b^3}$
㉣ $(-2ab^2)^2 \div 3ab \div 2a^4b^3 = \frac{2}{3}a^3$

① ㉠, ㉡ ② ㉠, ㉢ ③ ㉠, ㉣
④ ㉡, ㉢ ⑤ ㉡, ㉣

ACT 17

단항식의 곱셈과 나눗셈의 혼합 계산

스피드 정답 : 04쪽
친절한 풀이 : 17쪽

단항식의 곱셈과 나눗셈의 혼합 계산은 다음과 같이 계산한다.

거듭제곱 계산하기 ➡ 나눗셈을 역수의 곱셈으로 바꾸기 ➡ 부호 정하기 ➡ 계수는 계수끼리, 문자는 문자끼리 곱하기

예 $-a^2\times(-2a)^2\div2a^3$
$=-a^2\times4a^2\div2a^3$ ← 지수법칙을 이용하여 거듭제곱 계산하기
$=-a^2\times4a^2\times\frac{1}{2a^3}$ ← 나눗셈을 역수의 곱셈으로 바꾸기
$=-\left(a^2\times4a^2\times\frac{1}{2a^3}\right)$ ← 부호 정하기
$=-2a$ ← 계수는 계수끼리, 문자는 문자끼리 곱하기

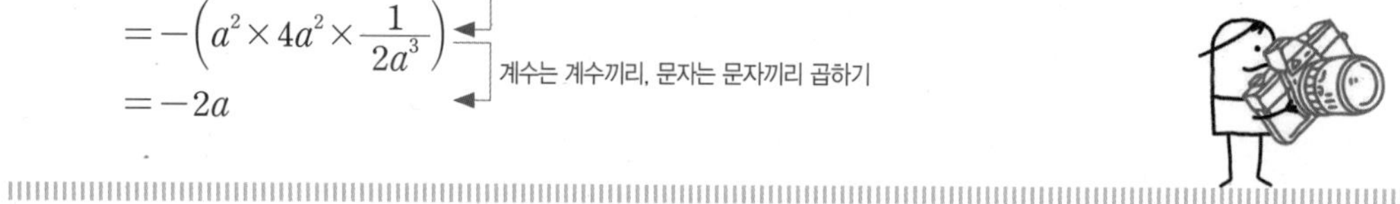

＊ 다음은 주어진 식을 간단히 하는 과정이다. □ 안에 알맞은 식을 쓰시오.

01 $12xy\div(-2y^2)^2\times\frac{3}{4y}$
$=12xy\div$ □ $\times\frac{3}{4y}$ ← 지수법칙 이용
$=12xy\times\frac{1}{□}\times\frac{3}{4y}$
$=12\times$ □ $\times\frac{3}{4}\times xy\times$ □ $\times\frac{1}{y}$
(계수끼리 계산, 문자끼리 계산)
$=$ □

02 $9x^2y\div6xy^3\times4x^2y^2$
$=9x^2y\times\frac{1}{□}\times4x^2y^2$
$=$ □

03 $(6x^2y)^2\times4xy\div(-9xy^2)^2$
$=36x^4y^2\times4xy\div$ □
$=36x^4y^2\times4xy\times\frac{1}{□}$
$=$ □

04 $(a^2b)^2\div(-3b)^3\times(9ab)^2$
$=a^4b^2\div($ □ $)\times81a^2b^2$
$=a^4b^2\times\left(-\frac{1}{□}\right)\times81a^2b^2$
$=$ □

* 다음 식을 간단히 하시오.

05 $2x^2y \div 4x \times 8y$

06 $5ab \times 4a^2b \div (-a^2b)$

07 $3x^2y \div \frac{6}{x^3y} \times 8y$

08 $-6xy^4 \times 3x^2 \div (-9xy)$

09 $\frac{3}{4}a^2b \div \left(-\frac{3}{2}a^2b^3\right) \times ab^3$

거듭제곱이 있으면
거듭제곱을 먼저 풀자.

10 $(3xy^2)^3 \times 2x^3y \div (6xy^2)^2$

11 $5a^2b^3 \times \left(-\frac{2}{a}\right)^2 \div (-4a^2b)$

12 $(a^2b)^2 \div (-4b)^3 \times (2ab)^2$

13 $12a^3b^5 \div (-6ab^2) \times (-ab)^3$

14 $\left(\frac{2x^2}{y}\right)^2 \times \left(\frac{2y}{x}\right)^3 \div \left(\frac{4x^2}{y}\right)^2$

15 $\left(-\frac{2x^2y}{5}\right)^2 \times \left(-\frac{1}{2xy}\right)^3 \div \left(\frac{x}{10y}\right)^2$

시험에는 이렇게 나온대.

16 다음 중 옳은 것은?

① $x^3y^5 \div 2x^5y^7 \times 4x^2y^2 = 2$

② $2x^2 \div 4x^3 \times 3x = \frac{3}{2}x$

③ $2x^2y \times 4y \div xy = 4xy$

④ $(-2xy^2)^2 \times 3xy \div 8x^4y^3 = \frac{3y}{2x}$

⑤ $(-9x^2y^3) \div (3xy^2)^2 \times (-y)^3 = -y^2$

ACT+ 18

필수 유형 훈련

스피드 정답 : 04쪽
친절한 풀이 : 18쪽

유형 1 단항식의 곱셈과 나눗셈에서 어떤 식 구하기

• 단항식이 2개일 때

$A\times\square=B \Rightarrow \square=B\div A=\frac{B}{A}$

$A\div\square=B \Rightarrow A\times\frac{1}{\square}=B$

$\therefore \square=A\div B=\frac{A}{B}$

$\square\div A=B \Rightarrow \square=B\times A$

• 단항식이 3개일 때

$A\times\square\div B=C \Rightarrow A\times\square\times\frac{1}{B}=C$

$\therefore \square=C\times\frac{B}{A}$

$A\div\square\times B=C \Rightarrow A\times\frac{1}{\square}\times B=C$

$\therefore \square=A\times B\div C=AB\times\frac{1}{C}$

* 다음은 $\square$에 알맞은 식을 구하는 과정이다. 빈칸에 알맞은 식을 구하시오.

01 $-3a^2b^4\times\square=9a^5b^6$

$\Rightarrow \square=9a^5b^6\div(-3a^2b^4)$

$=$ ________

02 $\square\div\frac{2x^2y^3}{5}=10xy$

$\Rightarrow \square=10xy\times\frac{2x^2y^3}{5}$

$=$ ________

03 $\square\times 4a^2b=16a^5b^4$

$\Rightarrow \square=$ ________

04 $\left(-\frac{9x^4y^2}{2}\right)\div\square=-\frac{6y^4}{x}$

$\Rightarrow \square=$ ________

05 $\square\times ab^2\times(-a^2)=-2a^5b^4$

$\Rightarrow \square=$ ________

06 $\square\div(-2a^3b^2)\div 2ab^3=8a^2b^3$

$\Rightarrow \square=$ ________

07 $(2a)^3\times\square\div(-a^2b^3)=40a^4b$

$\Rightarrow \square=$ ________

08 $\frac{3}{2y}\div\square\times(-2x^3y^2)=-8x^5y^2$

$\Rightarrow \square=$ ________

유형 2 단항식의 곱셈과 나눗셈의 활용

- (삼각형의 넓이)$=\frac{1}{2}\times$(밑변의 길이)$\times$(높이)
- (기둥의 부피)$=$(밑넓이)$\times$(높이)

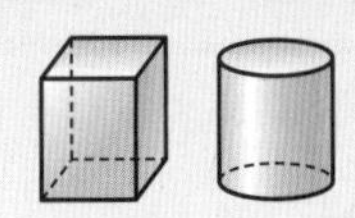

- (직사각형의 넓이)$=$(가로의 길이)$\times$(세로의 길이)
- (뿔의 부피)$=\frac{1}{3}\times$(밑넓이)$\times$(높이)

Skill

도형의 넓이나 부피를 구하는 공식 알지?
수 대신 단항식이 쓰였을 뿐 계산 방법은 공식을 구하는 방법과 똑같아!

＊ 다음을 구하시오.

09 밑변의 길이가 $4a^2b$이고, 높이가 $8ab^2$인 삼각형의 넓이

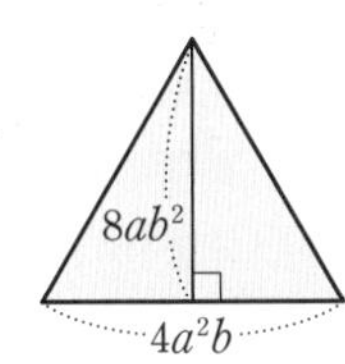

$\frac{1}{2}\times 4a^2b\times$ ☐

$=$ ☐

10 가로의 길이가 $3ab^2$, 세로의 길이가 $6a^3b^2$인 직사각형의 넓이

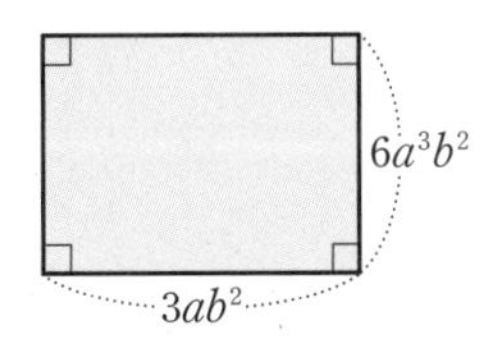

______

11 가로의 길이가 $3a^2b$, 넓이가 $12a^3b^3$인 직사각형의 세로의 길이

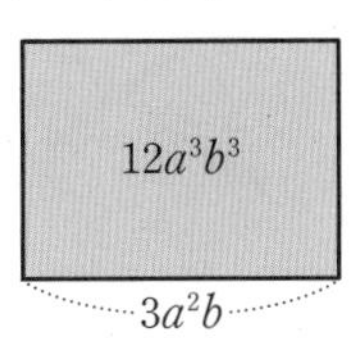

______

12 밑면의 가로의 길이가 $4a$, 세로의 길이가 $12ab$, 높이가 $5ab^3$인 직육면체의 부피

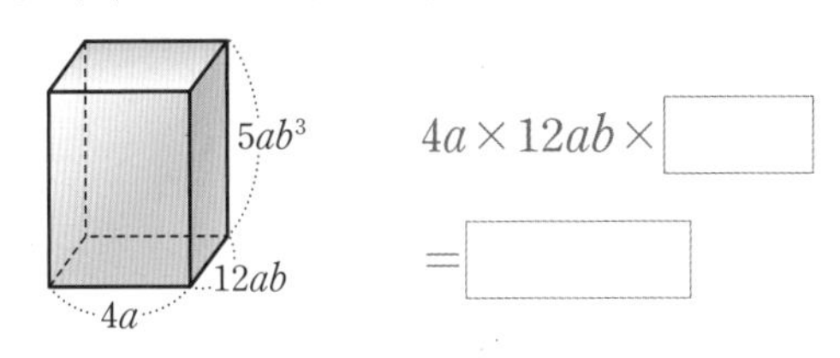

$4a\times 12ab\times$ ☐

$=$ ☐

13 밑면의 반지름의 길이가 ab^2이고, 높이가 a^2b인 원기둥의 부피

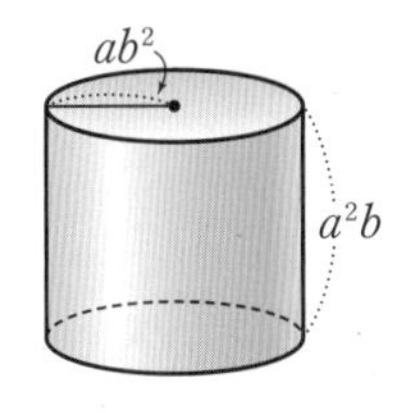

______

14 밑면의 반지름의 길이가 $\frac{3a}{b}$이고, 높이가 $4ab^3$인 원뿔의 부피

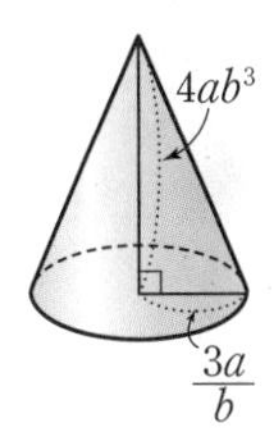

______

VISUAL IDEA 4

다항식의 사칙연산

Ⅴ 단항식과 다항식의 사칙연산 "다항식을 괄호로 묶어."

다항식을 괄호로 묶어서 한 덩어리라고 생각하자.

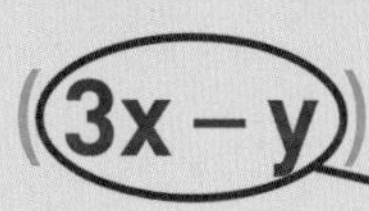

단항식 다항식

$$2x+(3x-y)$$
$$=2x+3x-y$$
$$=5x-y$$

"단항식 덧셈처럼"

(단항식) + (다항식)은 괄호를 풀고 동류항끼리 모아서 계산한다.

$$2x-(3x-y)$$
$$=2x-3x+y$$
$$=-x+y$$

"부호를 바꾸자."

(단항식) − (다항식)은 빼는 식의 각 항의 부호를 바꾸어 더한다.

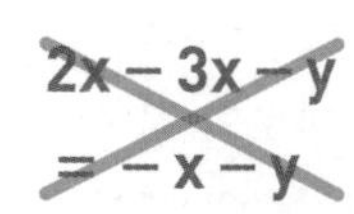

$$2x\times(3x-y)$$
$$=2x\times3x-2x\times y$$
$$=6x^2-2xy$$

"분배법칙 이용"

(단항식) × (다항식)은 분배법칙을 이용하여 단항식을 각 항에 곱한다.

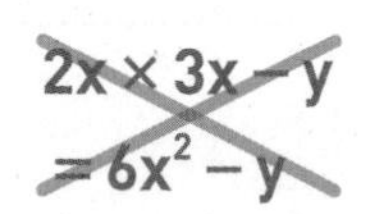

$$(3x-y)\div2x$$
$$=(3x-y)\times\frac{1}{2x}$$
$$=\frac{3}{2}-\frac{y}{2x}$$

"나눗셈을 곱셈으로"

(다항식) ÷ (단항식)은 나눗셈을 곱셈으로 바꾸어 계산한다.

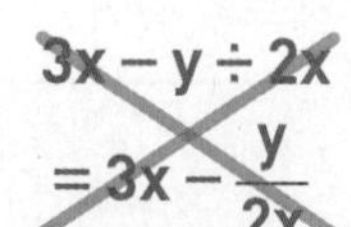

Ⅴ 전개와 식의 대입 "식의 전개는 덧셈, 식의 대입은 덩어리"

▶ 전개와 전개식 "다항식의 곱셈은 덧셈으로 펼치자."

'전개'는 어떤 것을 해체하여 펼치는 것을 뜻한다. 입체도형을 펼쳐 놓은 것을 '전개도'라고 하는 것처럼 괄호로 묶여 있는 식의 괄호를 풀어서 하나의 다항식으로 나타내는 것을 '식을 전개한다'고 하고, 그 식을 '전개식'이라고 한다.

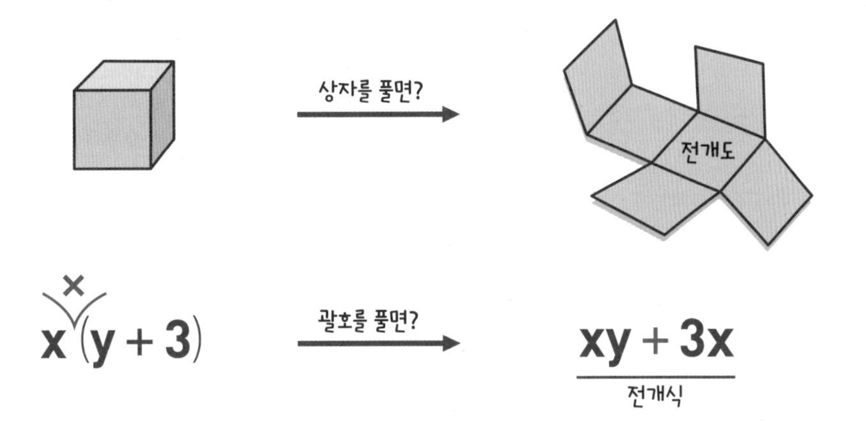

$x(y+3)$ 괄호를 풀면? $xy+3x$ (전개식)

▶ 식의 대입 "대입하는 식은 괄호로 묶자."

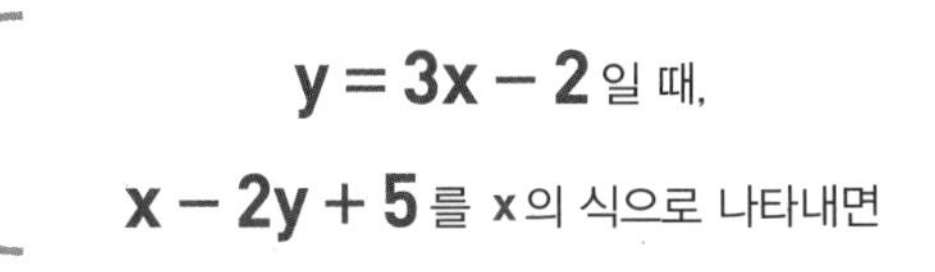

주어진 식의 문자에 그 문자가 나타내는 다른 식을 대입하여 주어진 식을 다른 문자의 식으로 나타낼 수 있다.

$$
\begin{aligned}
& x-2y+5 \\
&= x-2(3x-2)+5 \\
&= x-6x+4+5 \\
&= -5x+9
\end{aligned}
$$

❶ y 대신 3x − 2를 괄호로 묶어 대입한다.

❷ 괄호를 풀고 식을 간단하게 정리한다.

ACT 19

다항식의 덧셈과 뺄셈

스피드 정답 : 04쪽
친절한 풀이 : 18쪽

- 다항식의 덧셈은 ❶ 괄호를 풀고, ❷ 동류항끼리 모아서 간단히 한다.
- 다항식의 뺄셈은 빼는 식의 각 항의 부호를 바꾸어 더한다.

참고 문자와 차수가 같은 항을 동류항이라고 한다.

$(2a-3b)-(a+2b)$ 괄호 풀기

$=2a-3b-a-2b$ 동류항끼리 간단히 하기

$=a-5b$

*** 다음 식을 간단히 하시오.**

01 $(a+2b)+(4a-3b)$

02 $(-x+2y)+(3x-4y)$

03 $(2a+4b)-(-a-3b)$

04 $(-x-y)-(2x+5y)$

05 $(5a-b)-(2a-4b)$

06 $(x-2y)-(3x+y)$

07 $(a-b+3)+(2a-3b-5)$

08 $(2x+3y-1)+(3x-3y+7)$

09 $(3a-2b-7)-(2a+3b-4)$

10 $(2x+y-2)-(x-2y+1)$

11 $(3a+5b+3)-(4a+2b-2)$

12 $(9x-5y-2)-(5x-3y+2)$

13 $2(2a+b)+3(3a-2b)$

$=4a+2b+\square a-\square b$ ◀ 분배법칙

$=\square a-\square b$

14 $3(2x-y)-2(4x+y)$

15 $2(-a+b)+3(a+4b)$

16 $-(4x-y)+5(x+2y)$

17 $-2(a+3b)-(a-5b)$

18 $3(2a-b+3)+2(a-3b-4)$

계수가 분수이면 분모의 최소공배수로 통분해서 계산해!

19 $\left(\frac{1}{2}a+\frac{3}{4}b\right)+\left(\frac{1}{3}a-\frac{3}{5}b\right)$

20 $\frac{1}{2}(3x-y)-\frac{3}{4}(-x+2y)$

21 $\frac{2a-b}{2}-\frac{a+2b}{3}$

$=\frac{\square(2a-b)-\square(a+2b)}{6}$

$=\frac{\square a-3b-2a-\square b}{6}$

$=\frac{\square a-\square b}{6}$

$=\square a-\square b$

22 $\frac{a-3b}{4}-\frac{2a-5b}{3}$

23 $\frac{3x+y}{2}+\frac{x-4y}{5}$

시험에는 이렇게 나온대.

24 $\frac{9x-y}{10}-\frac{4x-7y}{15}=ax+by$일 때, 상수 a, b에 대하여 $a+b$의 값을 구하시오.

ACT 20 이차식의 덧셈과 뺄셈

스피드 정답 : 04쪽
친절한 풀이 : 19쪽

이차식

차수가 가장 큰 항의 차수가 2인 다항식

예 x^2+2x-1 ➡ 항 : x^2, $2x$, -1 ➡ x에 관한 이차식
(차수가 가장 큰 항 : 2차)

이차식의 덧셈과 뺄셈

- ❶ 괄호를 풀고 ❷ 동류항끼리 모아서 간단히 한다.
  이때 뺄셈은 빼는 식의 각 항의 부호를 바꾸어 더한다.
- 차수가 높은 항부터 낮은 항의 순서로 정리한다.

예 $(x^2+2x+3)-(4x^2+5x+6)$
$=x^2+2x+3-4x^2-5x-6$ ← 괄호 풀기
$=(1-4)x^2+(2-5)x+(3-6)$ ← 동류항끼리 모으기
$=-3x^2-3x-3$ ← 간단히 하기

* 다음 다항식이 이차식이면 ○표, 이차식이 아니면 ×표를 하시오.

01 $x-3y$ ( )

02 x^2-x+1 ( )

03 $x-4y+1$ ( )

04 $x^2+3x-7-(x^2-5y)$ ( )

간단하게 정리한 후 알아보자!

05 $x^2+1+\frac{1}{2}x(2x-1)$ ( )

06 $x^3+2(x^2-x+1)-x(x^2+x-1)$ ( )

* 다음 식을 간단히 하시오.

07 $(x^2-3x+1)+(2x^2+x-3)$

08 $(x^2+2x-1)+3x^2$

09 $(x^2+2)-(3x^2-1)$

10 $(-x^2+5x-2)+(2x^2-x+3)$

11 $(2x^2+x-2)-(x^2-2x+1)$

12 $(5x^2-x+2)-(3x^2+4x+1)$

13 $2(x^2+4x+3)+3(-x^2+x+2)$

14 $5(x^2+2)-(4x^2+7)$

15 $2(3x^2+2x-1)+3(x^2-6x+2)$

16 $\frac{1}{3}(3x^2-6)-2x^2$

17 $-2(x^2+x+2)+3x$

18 $-(x^2-4x)+3(x^2+x)$

19 $4(2x^2-4x+5)-(6x^2-7x+15)$

20 $3(2x^2+x+4)-\frac{1}{4}(8x^2-12x+20)$

21 $\frac{2x^2+x-3}{3}+\frac{x^2+4x+1}{2}$

$=\frac{\square(2x^2+x-3)+\square(x^2+4x+1)}{6}$

$=\frac{\square x^2+\square x-\square}{6}$

22 $\frac{x^2-3x+2}{5}+\frac{2x^2-x+4}{3}$

23 $\frac{7x^2-4x+1}{3}-\frac{5x^2-3x+2}{4}$

24 $\frac{x^2+x+3}{6}-\frac{2x^2-x}{4}$

시험에는 이렇게 나온대.

25 다음 중 이차식인 것을 모두 고른 것은?

ㄱ $9-x^2$
ㄴ $x-2y+3$
ㄷ $x^3-\frac{1}{2}(x^2-5)$
ㄹ $(x+3)-(x-x^2+1)$

① ㄱ, ㄴ ② ㄱ, ㄷ ③ ㄱ, ㄹ
④ ㄴ, ㄷ ⑤ ㄴ, ㄹ

ACT 21

여러 가지 괄호가 있는 다항식의 계산

스피드 정답 : 05쪽
친절한 풀이 : 20쪽

여러 가지 괄호가 있는 다항식의 덧셈과 뺄셈은 다음의 순서로 괄호를 풀어서 간단히 한다.

(소괄호) ➡ {중괄호} ➡ [대괄호]

예 $3a-[b-\{4a-(5a-b)\}]=3a-\{b-(4a-5a+b)\}$
$=3a-\{b-(-a+b)\}$
$=3a-(b+a-b)$
$=3a-a$
$=2a$

* 다음은 주어진 식을 간단히 하는 과정이다. □ 안에 알맞은 수를 쓰시오.

01 $a-\{b-(3a+4b)+a\}$
$=a-(b-3a-4b+a)$
$=a-(\square a-\square b)$
$=a+\square a+\square b$
$=\square a+\square b$

02 $x-\{4x+10y-(x-3y)\}$
$=x-(4x+10y-x+3y)$
$=x-(\square x+\square y)$
$=x-\square x-\square y$
$=\square x-\square y$

03 $2x-[3x-2y-\{6y-(-5x+2y)\}]$
$=2x-\{3x-2y-(6y+\square x-\square y)\}$
$=2x-\{3x-2y-(\square x+\square y)\}$
$=2x-(3x-2y-\square x-\square y)$
$=2x-(\square x-\square y)$
$=2x+\square x+\square y$
$=\square x+\square y$

04 $10x^2-2[2x+3x^2-\{8x-(7x^2+10x)\}]$
$=10x^2-2\{2x+3x^2-(8x-\square x^2-\square x)\}$
$=10x^2-2\{2x+3x^2-(\square x^2-\square x)\}$
$=10x^2-2(2x+3x^2+\square x^2+\square x)$
$=10x^2-2(\square x^2+\square x)$
$=10x^2-\square x^2-\square x$
$=\square x^2-\square x$

* 다음 식을 간단히 하시오.

05 $(x+2y)-\{y-(3x-y)\}$

06 $5a-[b-\{2a-(3a-4b)\}]$

07 $-2(x-y)-\{5x-(y-3x)+6y\}$

08 $-6[2a-b-\{4a-(8a-3b)\}]$

09 $x-[3x+y-\{6x-(x-7y)\}]$

10 $3(x^2+x)-\{2x^2-(3x^2-x+1)\}$

11 $3x^2-10-[x^2-2x-\{4x^2-(3x-5)\}]$

* 다음 등식을 만족시키는 상수 a, b의 값을 각각 구하시오.

12 $-9y-\{2x-(3x-5y)+7y\}=ax+by$

$a=$__________, $b=$__________

13 $4x-[2y-\{x-(4x-3y)\}]=ax+by$

$a=$__________, $b=$__________

14 $x+3y-[10y-\{4x-(3x-y)\}+y]$
$=ax+by$

$a=$__________, $b=$__________

15 $10x-2[-y+3x-\{9y-(7x+10y)\}]$
$=ax+by$

$a=$__________, $b=$__________

시험에는 이렇게 나온다.

16 $x-2y-[3y-\{2y-(x+4y)+3x\}]=ax+by$
일 때, 상수 a, b에 대하여 $a+b$의 값은?

① -8 ② -6 ③ -4
④ -2 ⑤ 0

ACT 22

단항식과 다항식의 곱셈

스피드 정답 : 05쪽
친절한 풀이 : 21쪽

• 단항식과 다항식의 곱셈은

❶ 분배법칙을 이용하여 단항식을 다항식의 각 항에 곱한 후 ❷ 동류항끼리 계산한다.

분배

$$2a(a-b)=2a\times a-2a\times b=\underbrace{2a^2-2ab}_{\text{전개식}}$$

• 단항식과 다항식의 곱을 하나의 다항식으로 나타내는 것을 전개한다고 한다. 이때 전개하여 얻은 다항식을 전개식이라고 한다.

＊ 다음 식을 전개하시오.

01 $3a(a+5b)$

$=3a\times\square+3a\times\square$

$=\square$

02 $2x(3x-1)$

03 $4a(3-2a)$

04 $2x(9x-6y)$

05 $5a(2a+3b)$

06 $(4a+2b)\times 3a$

$=\square\times 3a+\square\times 3a$

$=\square$

07 $(x-2)\times 3x$

08 $(a+4)\times 5a$

09 $(3x-2y)\times 3x$

10 $(a+3b)\times(-2a)$

11 $\frac{1}{6}a(30a-12b)$

12 $\frac{a}{3}(9a-3b+3)$

13 $-\frac{2}{5}x(20x-15y+5)$

14 $(12a-18b)\times\frac{5}{6}b$

15 $(18x-36y)\times\left(-\frac{2}{9}x\right)$

16 $(-6x+10y+2)\times\frac{3}{2}y$

17 $(9x-6y+1)\times\left(-\frac{2}{3}x\right)$

18 $2x(-x^2+7x-1)$

19 $-4a(6-5a+a^2)$

20 $\frac{3}{5}x\left(\frac{15}{6}x^2-10x+5\right)$

21 $(5a^2-a+12)\times(-2a)$

22 $(9x^2+6x-1)\times\left(-\frac{4}{3}x\right)$

시험에는 이렇게 나온대.

23 $-2x(5x+3y-1)=ax^2+bxy+cx$일 때, 상수 a, b, c에 대하여 $a-b+c$의 값은?

① -18 ② -14 ③ -2
④ 2 ⑤ 18

ACT 23

다항식과 단항식의 나눗셈

스피드 정답 : 05쪽
친절한 풀이 : 22쪽

[방법1] 분수 꼴로 고치기

나눗셈을 분수 꼴로 고쳐서 계산한다.

$$(A+B)\div C=\frac{A+B}{C}=\frac{A}{C}+\frac{B}{C}$$

예 $(2x^2-x)\div x=\frac{2x^2-x}{x}=2x-1$

[방법2] 역수로 바꾸기

나누는 식의 역수를 이용하여 곱셈으로 바꾸어 전개한다.

$$(A+B)\div C=(A+B)\times\frac{1}{C}=\frac{A}{C}+\frac{B}{C}$$

예 $(2x^2-x)\div x=(2x^2-x)\times\frac{1}{x}$
$=2x^2\times\frac{1}{x}-x\times\frac{1}{x}=2x-1$

＊ 다음 식을 간단히 하시오.

01 $(3a^2-6a)\div 3a=\frac{3a^2-6a}{\square}$
$=\frac{3a^2}{\square}-\frac{6a}{3a}=\square$

02 $(9xy-6x)\div 3x$

03 $(5xy+15y)\div(-5y)$

04 $(12x^2-8x)\div 2x$

05 $(4ab^2+12a^2b)\div 4ab$

06 $(8x^2-12xy^2)\div(-4x)$

07 $(16x^2y^2+8x^3y)\div 4xy$

08 $(-4a^2b+2ab)\div(-2ab)$

09 $(8x^2-4xy+12x)\div 4x$

10 $(6a^2-3ab)\div\frac{3}{2}a$

$=(6a^2-3ab)\times\frac{\square}{3a}$

$=6a^2\times\frac{\square}{3a}-3ab\times\frac{\square}{3a}$

$=\square$

11 $(8x^2-4x)\div\frac{x}{4}$

12 $(3a^2-15a)\div\left(-\frac{a}{3}\right)$

13 $(18ab-30b)\div\frac{6}{5}b$

14 $(10a^2b^2-6ab^2)\div\frac{2ab}{3}$

15 $(9x^2y+45xy-27y)\div\frac{9}{7}y$

16 $(25x^2y^2-10xy^2+15xy)\div\left(-\frac{5}{3}xy\right)$

17 $\frac{4a^2b+8b}{2b}=\frac{4a^2b}{2b}+\frac{\square}{2b}$

$=\square$

18 $\frac{8x^2-4x^3}{2x^2}$

19 $\frac{9a^2-12ab}{3a}$

20 $\frac{12x^3y-9x^2y}{3xy}$

시험에는 이렇게 나온대.

21 $(15x^2y+3xy^2)\div\left(-\frac{3}{4}xy\right)$를 간단히 하면?

① $20x+4y$ ② $-20x+4y$
③ $-20x-4y$ ④ $5x+4y$
⑤ $-5x-4y$

ACT 24

다항식의 혼합 계산

스피드 정답 : 05쪽
친절한 풀이 : 23쪽

다항식의 혼합 계산은 다음과 같이 계산한다.

❶ 지수법칙을 이용하여 거듭제곱을 먼저 계산한다.

❷ 분배법칙을 이용하여 곱셈과 나눗셈을 계산한다.

❸ 동류항끼리 더하거나 뺀다.

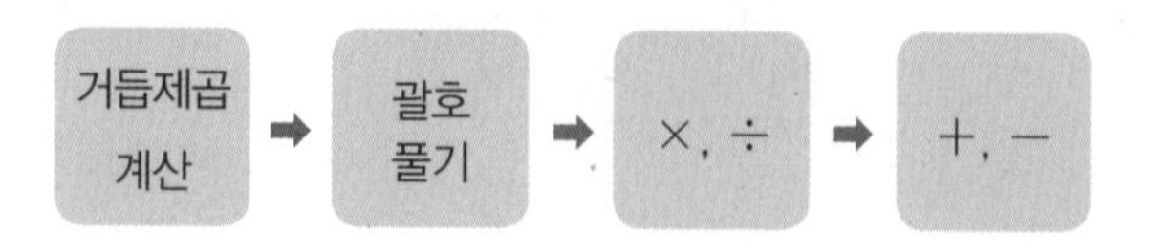

※ 다음 식을 간단히 하시오.

01 $3a(a+1)-(a-2)\times a$

02 $-3x(2x-1)+2x(5x-2)$

03 $2a(a-b)+2(ab+4a)$

04 $5xy(3x+2y)-x^2y(12-y)$

05 $-7a(3-a)-4a(2a-7)$

06 $(a^2+2a)\div(-a)-(2a^2-3a)\div a$

07 $(6x^2+4x)\div 2x-(7x^2-x)\div(-x)$

08 $(6ab-9ab^2)\div(-3ab)-(ab-ab^2)\div ab$

09 $\dfrac{a^3+2a^2}{3a^2}-\dfrac{a^2-3a}{6a}$

10 $\dfrac{x^2y-5xy^2}{xy}-\dfrac{9x^2y^2-6x^3y}{3x^2y}$

11 $(6x^2y^2-4xy^2)\div 2xy\times 3x^2$

$=\dfrac{6x^2y^2-4xy^2}{\square}\times 3x^2$

$=(3xy-\square)\times 3x^2$

$=\square$

곱셈, 나눗셈이 연속해서 나오면 앞에서부터 순서대로!

12 $(2a^2b^2-5a^2b)\times 3a\div(-ab)$

13 $(9x^2-6xy)\div 3x\times(-2y)^2$

거듭제곱은 지수법칙을 이용하여 먼저 계산하자.

14 $-2x(x-4)+(x^2-3x)\div x$

15 $-ab(-2a+b)+(9a^3b+6a^2b^2)\div(-3a)$

16 $5x(2x-y)+(8x^2y-6x^2y^2)\div(-2xy)$

17 $(xy-2xy^2)\times\dfrac{1}{3y}-\dfrac{12x^2-8x}{4x}$

18 $\dfrac{15x^2y+18xy}{3x}-5y(2x+1)$

19 $-2x^2-\{3x(2-3y)+5x\}$

20 $3a^2-a\{-(8ab-6a^2b)\div 2b\}$

시험에는 이렇게 나온대.

21 $(4x^4+8x^3)\div 2x^2-3x(4x-1)$을 간단히 하였을 때, 각 항의 계수의 합을 구하시오.

ACT 25

식의 값

스피드 정답 : 05쪽
친절한 풀이 : 24쪽

문자를 사용한 식에서 문자에 어떤 수를 대입하여 계산한 결과의 값을 식의 값이라고 한다.

예 $a=2$일 때, $2a-4$의 값은? ➡ $2a-4=2\times2-4=0$ (a ↑ 2)

주의 대입하는 수가 음수이면 괄호로 묶어서 대입한다.

*** $x=2$, $y=1$일 때, 다음 식의 값을 구하시오.**

01 $x+y$ (x ↑ 2, y ↑ 1)

문자 아래에 대입할 수를 작게 쓰면 계산할 때 헷갈리지 않아!

02 $x-y$

03 $2x-3y$

04 x^2+y

05 $\dfrac{2x+y}{5}$

*** $x=\dfrac{1}{2}$, $y=\dfrac{1}{3}$일 때, 다음 식의 값을 구하시오.**

06 $6(x+y)$

07 $\dfrac{1}{x}-\dfrac{3}{y}$

08 $12xy$

09 $4x-6y$

10 $2x^2+y$

* $x=1$, $y=-3$일 때, 다음 식의 값을 구하시오.

11 $(4x-2y)-(3x-4y)$

식을 먼저 간단히 한 후 대입할 것!

12 $(2x+5y+3)+(x-3y+2)$

13 $-2y(5x-3y+6)$

14 $(-x-3y+1)\times(-2y)$

15 $(12x+6y-3)\div\frac{3}{x}$

16 $(10x^2y-15xy)\div(-5xy)$

17 $\frac{4xy-8y^2}{2y}-\frac{3x^2-5xy^2}{x}$

* $a=2$, $b=\frac{1}{2}$일 때, 다음 식의 값을 구하시오.

18 $-a^2-\{4a(5-3a)+7a\}$

19 $2a-[4a-3b-\{b-(-a+2b)\}]$

20 $-2(a-b)-3\{a-(b-3a)+2b\}$

21 $6a[2b-3-2\{4a-(5a-2b)\}]$

시험에는 이렇게 나온대.

22 $a=-1$일 때,

$\frac{3(2a^5-7a^4+a^3)}{a^3}-\frac{3a^4-a^3+a^2}{a^2}$의 값은?

① -20　② -15　③ 15

④ 20　⑤ 25

ACT 26 식의 대입

스피드 정답 : 05쪽
친절한 풀이 : 25쪽

주어진 식의 문자 대신 그 문자를 나타내는 다른 식을 대입하여 주어진 식을 다른 문자의 식으로 나타내는 것을 식의 대입이라고 한다.

예 $y=2x+1$일 때, $3x-4y$를 x의 식으로 나타내면

$3x-4y=3x-4(2x+1)=3x-8x-4=-5x-4$

($4y$의 y ← $2x+1$, $-5x-4$ → x의 식)

* $y=x+3$일 때, 다음 식을 x의 식으로 나타내시오.

01 $2x-3y+7$ (y ← $x+3$)

$=2x-3(x+3)+7$

$=2x-\square x-\square+7$

$=\square$

대입하는 식이 다항식일 때에는 반드시 괄호를 사용해야 해!

02 $-3x+2y-2$

03 $x+3y-5$

04 $3x(y+2)$

05 x^2-y

* $b=-2a+6$일 때, 다음 식을 a의 식으로 나타내시오.

06 $a-\frac{1}{2}b$

07 $-a+3b$

08 $a(a-b)$

09 $5a-2b+1$

10 $2a-3b+8$

* $A=-2x+1$, $B=3x-1$일 때, 다음 식을 x, y의 식으로 나타내시오.

11 $3A-B$ (A → $-2x+1$, B → $3x-1$)

$=3(-2x+1)-(3x-1)$

$=-\square x+3-3x+\square$

$=\square$

12 $-2A+3B$

13 $-5A-3B$

14 $2A+4B$

* $A=x-y$, $B=3x-2y$일 때, 다음 식을 x, y의 식으로 나타내시오.

15 $A-B$

16 $-3A+4B$

17 $2A-3B$

* $A=x+3y$, $B=3x-5y$일 때, 다음 식을 x, y의 식으로 나타내시오.

18 $A+2B$

19 $-3A+B$

20 $5A+3B$

21 $\frac{1}{2}A-\frac{1}{2}B$

시험에는 이렇게 나온대.

22 $A=\frac{x-y}{3}$, $B=\frac{3x-y}{2}$일 때, $9A+4B$를 x, y의 식으로 나타내면?

① $-7x-5y$ ② $-7x+5y$
③ $-3x-y$ ④ $9x-5y$
⑤ $9x+5y$

ACT 27

등식의 변형

스피드 정답 : 06쪽
친절한 풀이 : 26쪽

주어진 등식에서 등식의 성질을 이용하여 한 문자를 다른 문자의 식으로 나타낼 수 있다.

x, y를 사용한 다항식에서
- x의 식으로 나타내면 $y=(x$의 식$)$
- y의 식으로 나타내면 $x=(y$의 식$)$

예 $2x+4y-6=0$ ➡
- x의 식으로 나타내면 $4y=-2x+6$ $\quad \therefore y=-\frac{1}{2}x+\frac{3}{2}$
- y의 식으로 나타내면 $2x=-4y+6$ $\quad \therefore x=-2y+3$

* 다음 식을 $x=(y$의 식$)$으로 나타내시오.

01 $2x-4y=8$

$2x=$ ☐ (이항)

$x=$ ☐ (x의 계수로 나누기)

02 $-5x+10y+4=0$

03 $3x+4y=-2x+y$

04 $10-2x=5-4y$

* 다음 식을 $y=(x$의 식$)$으로 나타내시오.

05 $6x-2y=4x+2$

$-2y=$ ☐ (이항)

$y=$ ☐ (y의 계수로 나누기)

06 $4x-y+3=0$

07 $3x-2y=2x+y+7$

08 $-2x-y=3x+4y-5$

* 다음 식을 x의 식, y의 식으로 바꾸어 나타내시오.

09 $5x-10y+5=0$

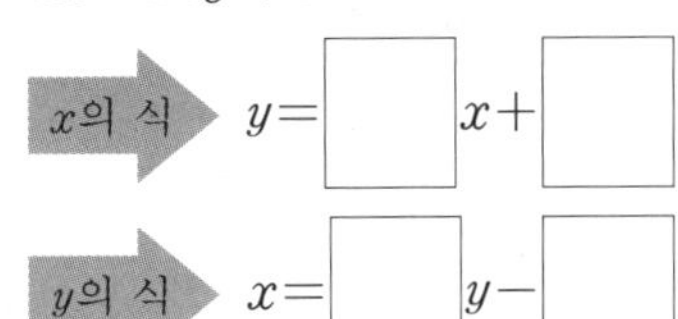

10 $-2x+y=8$

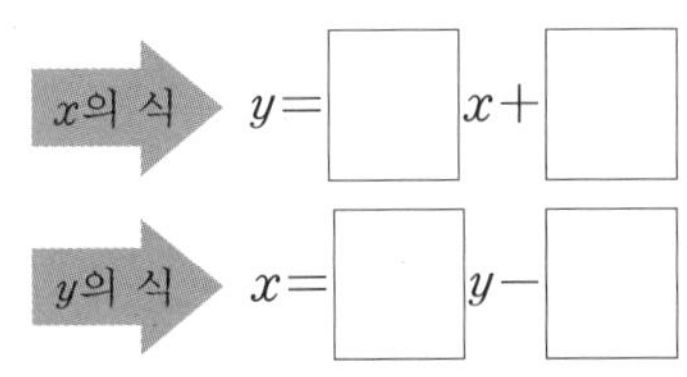

11 $x-2=-3x+8y+14$

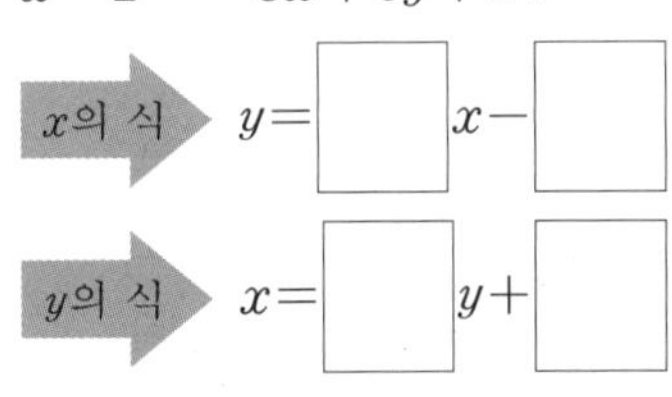

12 $\dfrac{x+1}{4}=\dfrac{y-1}{3}$

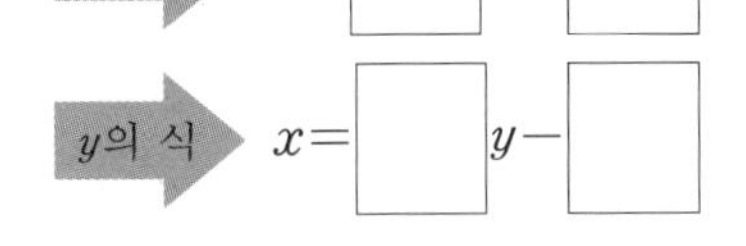

13 $0.2x+y+4=0.4y-1$

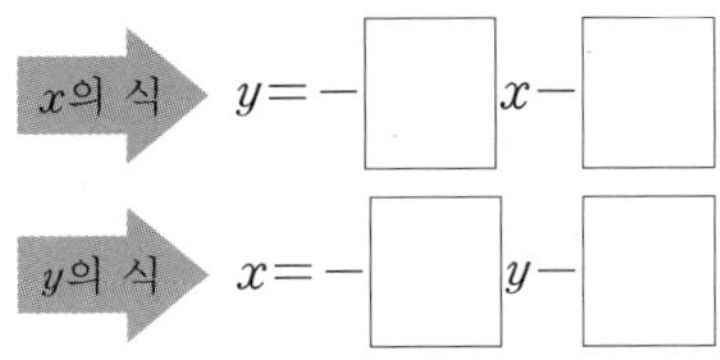

* 다음 식을 바꾸어 나타내시오.

14 원의 둘레(l) ➡ 반지름의 길이(r)

$l=2\pi r$ ➡ $r=$ ______

15 원기둥의 부피(V) ➡ 높이(h)

$V=\pi r^2 h$ ➡ $h=$ ______

16 각뿔의 부피(V) ➡ 밑넓이(S)

$V=\dfrac{1}{3}Sh$ ➡ $S=$ ______

h는 높이

17 부채꼴의 넓이(S) ➡ 반지름의 길이(r)

$S=\dfrac{1}{2}rl$ ➡ $r=$ ______

l은 호의 길이

18 속도(v) ➡ 이동거리(s)

$v=\dfrac{s}{t}$ ➡ $s=$ ______

t는 시간

19 힘(F) ➡ 질량(m)

$F=ma$ ➡ $m=$ ______

a는 가속도

필수 유형 훈련

스피드 정답 : 06쪽
친절한 풀이 : 27쪽

유형 1 어떤 식 구하기

❶ 구하고자 하는 어떤 식을 X라고 한다.
❷ 조건에 맞는 식을 세운다.
❸ 등식의 성질을 이용하여 X를 구한다.

Skill 등호(=)왼쪽에 X만 남기고 정리하자.

$X+A=B \Rightarrow X=B-A$
$X-A=B \Rightarrow X=B+A$
$X\div A=B \Rightarrow X=B\times A$
$X\times A=B \Rightarrow X=B\div A$

* 다음 □ 안에 알맞은 식을 쓰시오.

01 $X-(2x^2-3x+1)=-5x^2+2x+3$

$X=(-5x^2+2x+3)+(\square)$

$=\square$

02 $X+(3x-2y+2)=-2x+4y-7$

$X=(-2x+4y-7)-(\square)$

$=\square$

03 $X\times\dfrac{3}{xy}=-6x+12y^2+\dfrac{9}{xy}$

$X=\left(-6x+12y^2+\dfrac{9}{xy}\right)\div\square$

$=\left(-6x+12y^2+\dfrac{9}{xy}\right)\times\square$

$=-6x\times\square+12y^2\times\square+\dfrac{9}{xy}\times\square$

$=\square$

04 $6a-4b$에서 어떤 식을 빼면 $-a+2b$이다. 이때 어떤 식을 구하시오.

05 어떤 식에 $2xy$를 곱하면 $2x^2y^3-6xy^2$이 될 때, 어떤 식을 구하시오.

06 어떤 식을 $3a$로 나누면 a^2-2ab가 될 때, 어떤 식을 구하시오.

07 어떤 식에 $2xy$를 곱해야 할 것을 잘못하여 나눴더니 $10xy^2+6x^2y^2$이 되었다. 이때 바르게 계산한 식을 구하시오.

① 어떤 식 구하기

어떤 식을 X라고 하면

$X\div 2xy=10xy^2+6x^2y^2$

$\therefore X=(10xy^2+6x^2y^2)\times 2xy$

$=\square$

② 바르게 계산한 식 구하기

$X\times 2xy=(\square)\times 2xy$

$=\square$

유형 2 등식을 변형해 다른 식에 대입하기

x, y에 관한 다항식을 x의 식으로 나타내기

❶ x, y에 관한 등식을 $y=(x$의 식$)$으로 변형한다.

❷ 주어진 다항식에 ❶을 대입하여 정리한다.

Skill

문제를 잘 읽어야 해. 헷갈리지 말자.

“x의 식”

➡ x를 사용하여 나타낸 식

➡ ‘(다른 문자)=’으로 정리한다.

08 $2x-y+1=0$일 때, $5x-4y-2$를 x의 식으로 나타내시오.

➡ $2x-y+1=0$에서 $y=$ □

➡ $5x-4y-2$에 $y=$ □ 을 대입하면

$5x-4y-2=5x-4\times($ □ $)-2$

$=$ □

주어진 식을 먼저 간단히 하자.

09 $2b-6a=8$일 때, $4(3a-2b)$를 a의 식으로 나타내시오.

10 $x-6+3y=5y-3x$일 때, $2(2x-y-6)-3(x-2y)$를 x의 식으로 나타내시오.

유형 3 비례식이 주어졌을 때 등식의 변형

x, y에 관한 비례식이 주어졌을 때 주어진 다항식을 x의 식으로 나타내기

❶ 비례식을 등식으로 바꾼다.

❷ $y=(x$의 식$)$으로 변형한다.

❸ 주어진 다항식에 ❷를 대입하여 정리한다.

Skill

a : b=c : d ➡ ad=bc

11 $a : b=2 : 3$일 때, $3a+4b$를 a의 식으로 나타내시오.

➡ 비례식 $a : b=2 : 3$을 등식으로 고치면

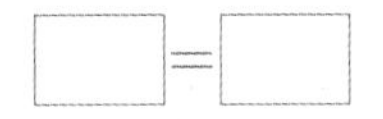

□ = □

➡ 즉, $b=$ □ a이므로

$3a+4b=3a+4\times$ □ $=$ □

12 $(x-1) : 2=(y-x) : 1$일 때, $-2x+4y+1$을 x의 식으로 나타내시오.

13 $(x-2) : (2x+3y)=2 : 3$일 때, $2x-8y$를 y의 식으로 나타내시오..

$x=(y$의 식$)$으로 변형하자.

ACT+ 29

필수 유형 훈련

스피드 정답 : 06쪽
친절한 풀이 : 27쪽

유형 1 도형에의 활용(1)

- (사다리꼴의 넓이) $=\frac{1}{2}\times\{$(윗변의 길이)$+$(아랫변의 길이)$\}\times$(높이)
- (마름모의 넓이) $=\frac{1}{2}\times$(한 대각선의 길이)$\times$(다른 대각선의 길이)
- (기둥의 부피) $=$ (밑넓이)$\times$(높이)
- (뿔의 부피) $=\frac{1}{3}\times$(밑넓이)$\times$(높이)

Skill 도형의 넓이나 부피를 구할 때, 수 대신 다항식이 쓰였을 뿐이야. 공식은 똑같아!

＊ 다음을 구하시오.

01 밑변의 길이가 $3a+2b$, 높이가 $4a$인 삼각형의 넓이

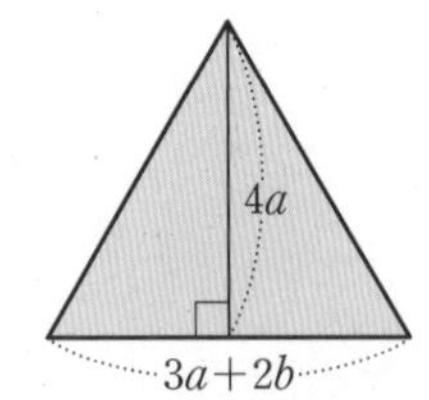

$\frac{1}{2}\times(3a+2b)\times$ ☐
$=$ ☐

02 두 대각선의 길이가 각각 $2x$, $5x-y$인 마름모의 넓이

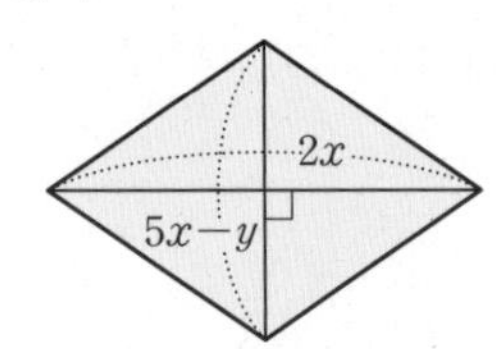

______

03 윗변의 길이가 $2a+b$, 아랫변의 길이가 $3a-2b$이고, 높이가 $2ab$인 사다리꼴의 넓이

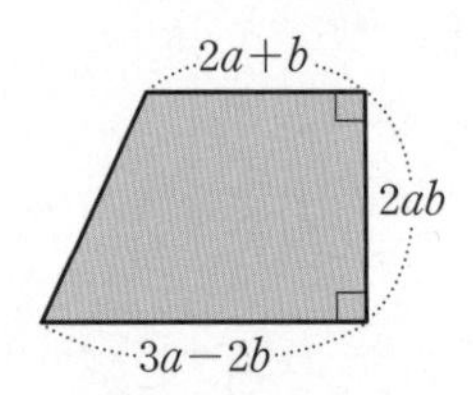

______

04 밑면의 가로의 길이가 $2a$, 세로의 길이가 $3ab$이고, 높이가 $a-2b$인 직육면체의 부피

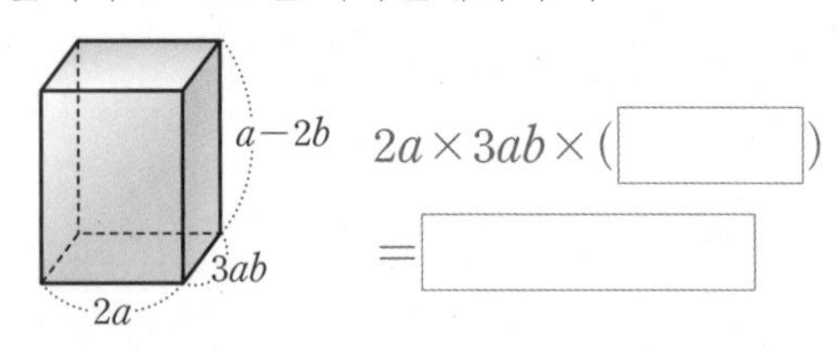

$2a\times 3ab\times($ ☐ $)$
$=$ ☐

05 밑면의 반지름의 길이가 $3a$, 높이가 $2a+3b$인 원기둥의 부피

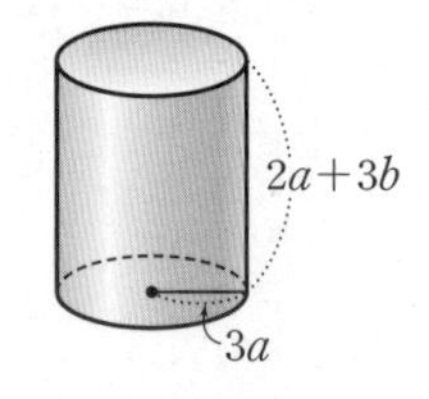

______

06 밑면의 반지름의 길이가 $2x$, 높이가 $x+y$인 원뿔의 부피

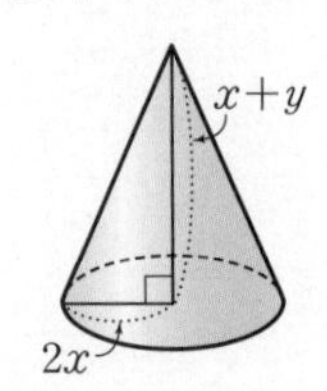

______

유형 2 도형에의 활용(2)

- (삼각형의 넓이)$=\frac{1}{2}\times$(밑변의 길이)$\times$(높이)
  ➡ (밑변의 길이)$=2\times$(삼각형의 넓이)$\div$(높이)
- (직사각형의 넓이)
  $=$(가로의 길이)$\times$(세로의 길이)
  ➡ (세로의 길이)
  $=$(직사각형의 넓이)$\div$(가로의 길이)

Skill 등식의 변형을 잘 활용하면 도형에서 주어지지 않은 길이를 구할 수 있어.

* 다음을 구하시오.

07 가로의 길이가 $2b$, 넓이가 $4ab+2b$인 직사각형의 세로의 길이

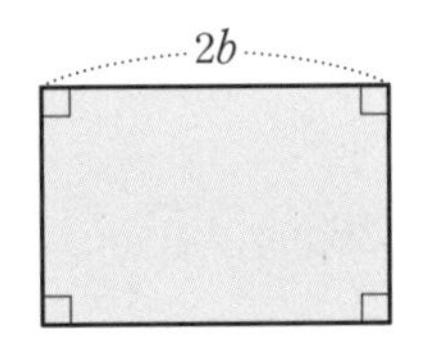

____

08 윗변의 길이가 $a-2b$, 아랫변의 길이가 $4a+2b$이고, 넓이가 $10ab$인 사다리꼴의 높이

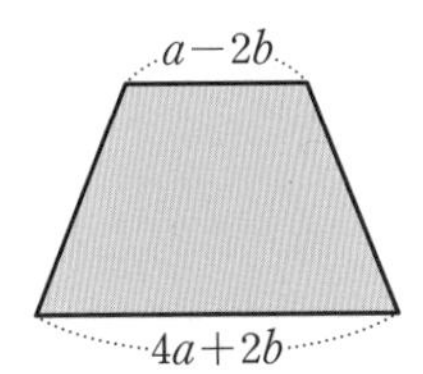

____

09 한 대각선의 길이가 $4ab$이고, 넓이가 $6a^2b-2ab^2$인 마름모의 다른 대각선의 길이

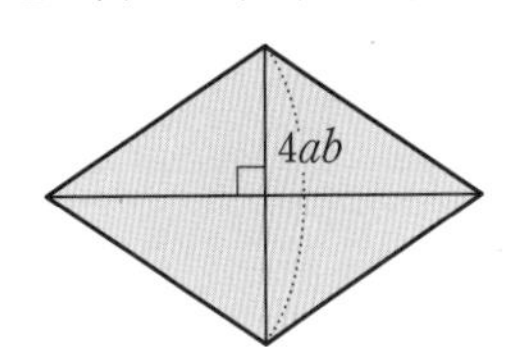

____

유형 3 도형에의 활용(3)

색칠한 부분의 넓이를 바로 구할 수 없을 때에는 전체 넓이에서 색칠하지 않은 부분의 넓이를 뺀다.

➡ (색칠한 부분의 넓이)
$=$(전체 넓이)$-$(색칠하지 않은 부분의 넓이)

* 아래 주어진 그림에서 색칠한 부분의 넓이를 구하려고 할 때, 다음을 구하시오.

10

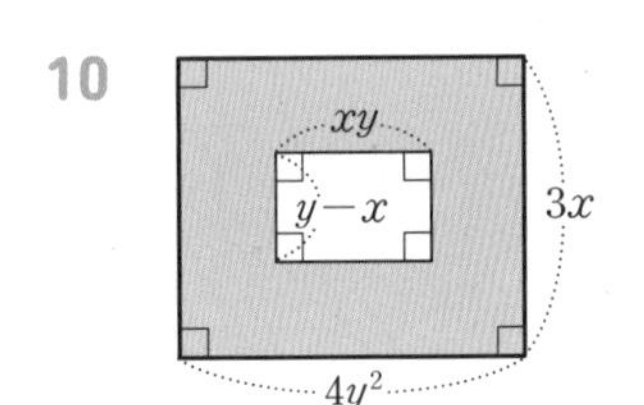

(1) 큰 직사각형의 넓이
$4y^2\times$ □ $=$ □

(2) 색칠하지 않은 작은 직사각형의 넓이
□ $\times(y-x)=$ □

(3) 색칠한 부분의 넓이

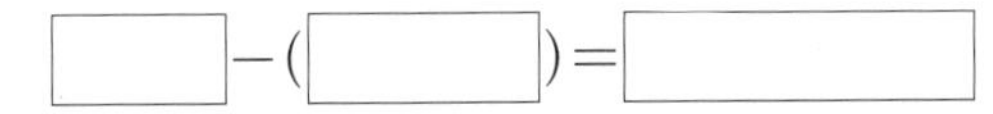

11

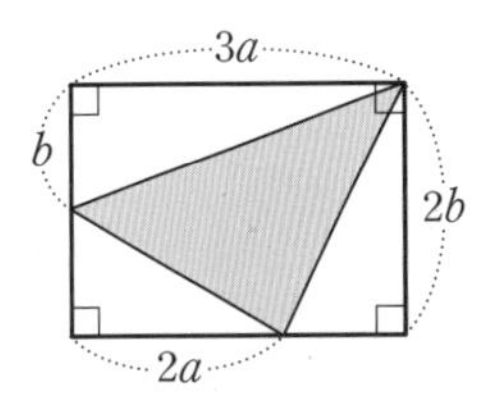

(1) 직사각형의 넓이 ____________

(2) 색칠하지 않은 세 삼각형의 넓이의 합 ____________

(3) 색칠한 부분의 넓이 ____________

TEST 02

단원 평가

* 다음 식을 간단히 하시오. (01 ~ 06)

01 $a^4 \times a^2 \times b \times b^5$

02 $\{(x^4)^3\}^2$

03 $(3a^2b)^3 \times \frac{2}{9}(ab^2)^2$

04 $\frac{4}{3}x^2y^3 \times xy^2 \div \frac{2}{3}x^2y$

05 $-4a(a+1)+2a(a+5)$

06 $\frac{3}{2}x(4x-3)-x\left(2x-\frac{1}{2}\right)$

07 다음 중 □안에 들어갈 수가 가장 큰 것은?

① $(a^3)^{\square} \times a^5 = a^{17}$
② $\left(\frac{b^4}{a^{\square}}\right)^3 = \frac{b^{12}}{a^6}$
③ $(x^3)^{\square} = x^{24}$
④ $(y^{\square})^5 \div y^{15} = 1$
⑤ $(x^5y^2)^{\square} = x^{25}y^{10}$

* 다음 □ 안에 알맞은 식을 쓰시오. (08 ~ 10)

08 $\square \times (3xy^3)^2 = 3x^4y^7$

09 $\square \div \left(-\frac{1}{3}x^3\right)^2 = 36x^2y^5$

10 $8xy^2 \div 4x^2y^2 \times \square = 6y^2$

11 다음 중 x에 관한 이차식인 것을 모두 고르면? (정답 2개)

① $y=4x-11$
② $-3x^2+7x$
③ $8-3x^2+5x$
④ $1-x-2x^2-3x^3$
⑤ $x^3-x \times \left(\frac{1}{2}x+3\right)$

점수

스피드 정답 : 06쪽
친절한 풀이 : 28쪽

12 다음 중 식을 간단히 했을 때, x의 계수가 가장 작은 것은?

① $-\frac{1}{3}x\times(4x+3)$
② $-7x^2+x(3x+5)$
③ $2x(x+1)-x(x-2)$
④ $(-x^2+3)\times(-x)$
⑤ $5x(y+2)$

＊ $A=-2x+3$, $B=5-x$이고 $x=-2$일 때, 다음 식의 값을 구하시오. (13~16)

13 $A+B$ → x의 식으로 나타내기 ______
식의 값 구하기 ______

14 $A+2B$ → x의 식으로 나타내기 ______
식의 값 구하기 ______

15 $2A-B$ → x의 식으로 나타내기 ______
식의 값 구하기 ______

16 $3(A-B)$ → x의 식으로 나타내기 ______
식의 값 구하기 ______

＊ 다음을 구하시오. (17~18)

17 밑변의 길이가 $5a-3$, 높이가 $2b$인 직각삼각형의 넓이 S

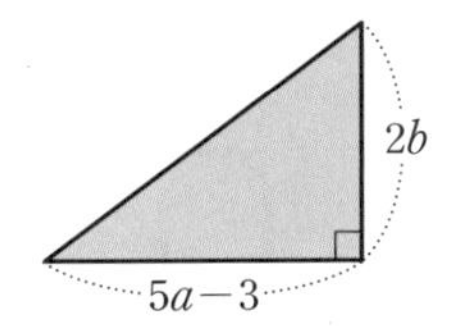

(1) S를 a, b의 식으로 나타내기 ______

(2) a를 b, S의 식으로 나타내기 ______

18 가로의 길이가 $2a$, 세로의 길이가 $b+1$인 직사각형의 넓이 S

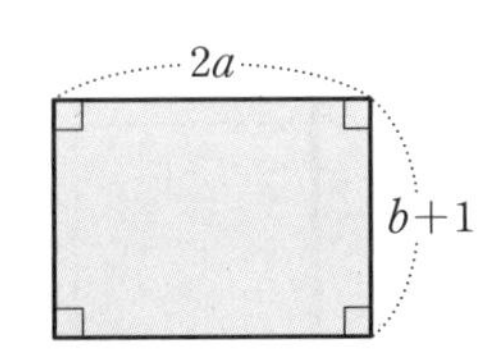

(1) S를 a, b의 식으로 나타내기 ______

(2) b를 a, S의 식으로 나타내기 ______

＊ 다음 □ 안에 알맞은 식을 쓰시오. (19~20)

19 $(2x-5y+1)+(\square)$
$=5x+6y-2$

20 $(5xy+xy^2)\div(\square)-y(x-1)$
$=-xy$

쉬어 가기

스도쿠 게임

＊ 게임 규칙

❶ 모든 가로줄, 세로줄에 각각 1에서 9까지의 숫자를 겹치지 않게 배열한다.

❷ 가로, 세로 3칸씩 이루어진 9칸의 격자 안에도 1에서 9까지의 숫자를 겹치지 않게 배열한다.

5			3		2			6
		6				8		9
3	4		1		9	2		7
4		2		1			9	
	1			4		7		5
9		7			8		1	
		4		3		9		1
			2		4			
7	3		8			4		2

답

5	7	9	3	8	2	1	4	6
1	2	6	4	5	7	8	3	9
3	4	8	1	6	9	2	5	7
4	5	2	7	1	3	6	9	8
8	1	3	9	4	6	7	2	5
9	6	7	5	2	8	3	1	4
2	8	4	6	3	5	9	7	1
6	9	1	2	7	4	5	8	3
7	3	5	8	9	1	4	6	2

Chapter Ⅲ

일차부등식

keyword

부등식, 부등식의 성질, 일차부등식,
일차부등식의 풀이, 일차부등식의 활용

VISUAL IDEA 5

부등식

Ⓥ 부등식의 표현 "=와 >, =와 <를 섞어놓은 부등호가 등장한다!"

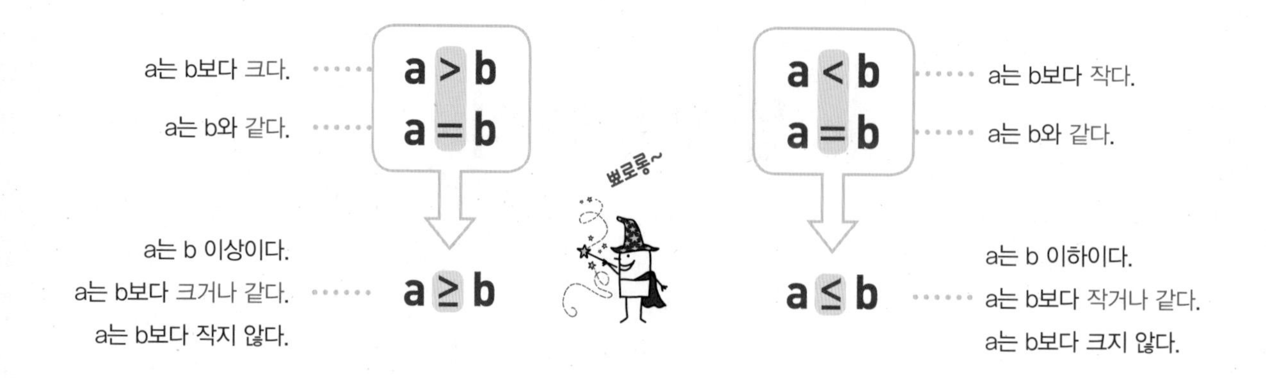

Ⓥ 부등식의 성질 "음수를 곱하면 부등호의 방향이 바뀐다!"

▶ 양 변에 같은 수를 더하거나 뺄 때

+ −

부등식의 양 변에 같은 수를 더하거나 빼어도 부등호의 방향은 바뀌지 않는다.

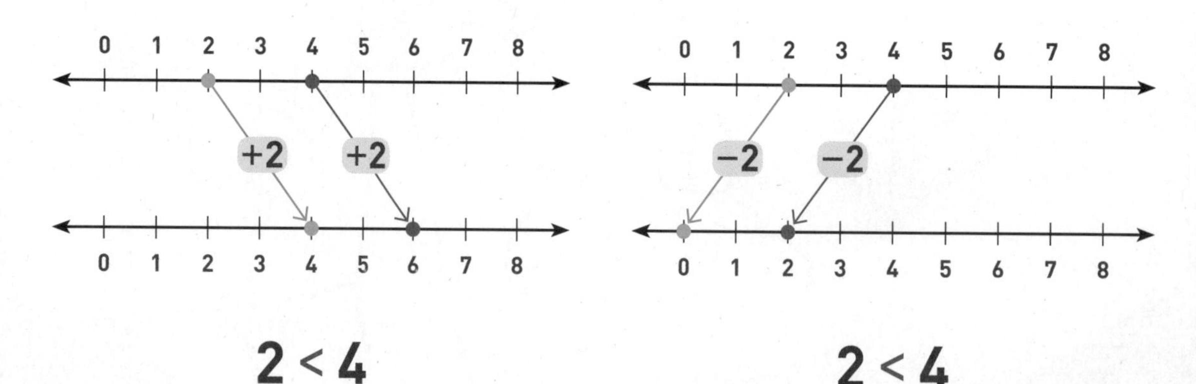

$2 < 4$

▼

$2 + 2 < 4 + 2$

$2 < 4$

▼

$2 - 2 < 4 - 2$

▶ 양 변에 같은 수를 곱하거나 나눌 때

부등식의 양 변에 같은 양수를 곱하거나 나누어도 부등호의 방향은 바뀌지 않는다.

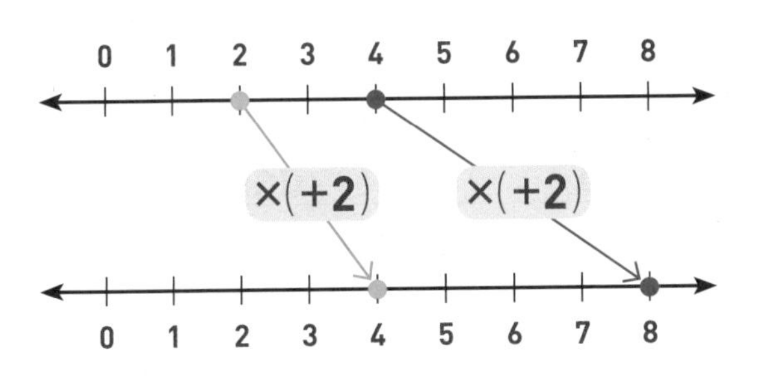

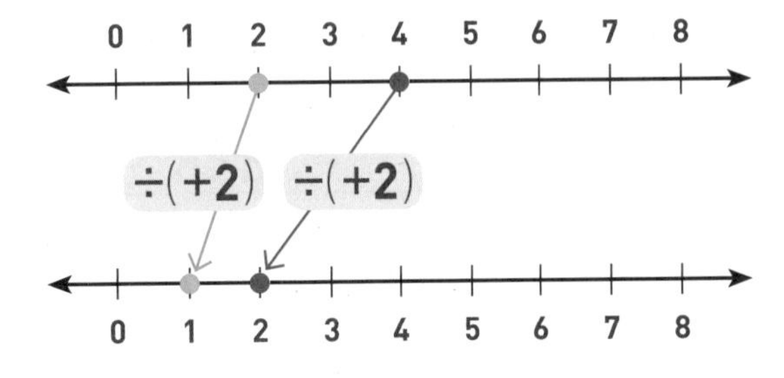

$$2 < 4$$

▼

$$2 \times (+2) < 4 \times (+2)$$

$$2 < 4$$

▼

$$2 \div (+2) < 4 \div (+2)$$

부등식의 양 변에 같은 음수를 곱하거나 나누면 부등호의 방향은 바뀐다.

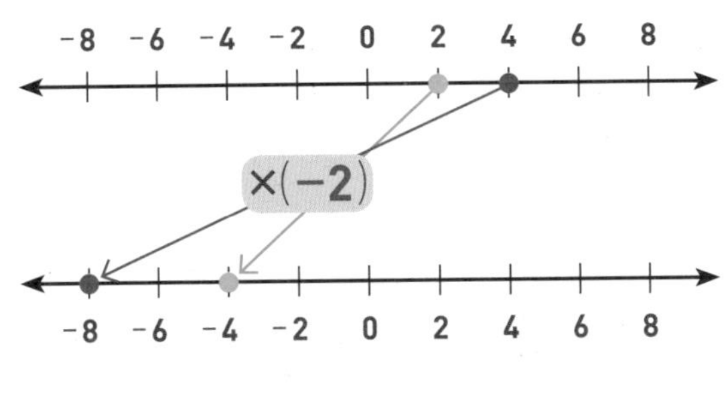

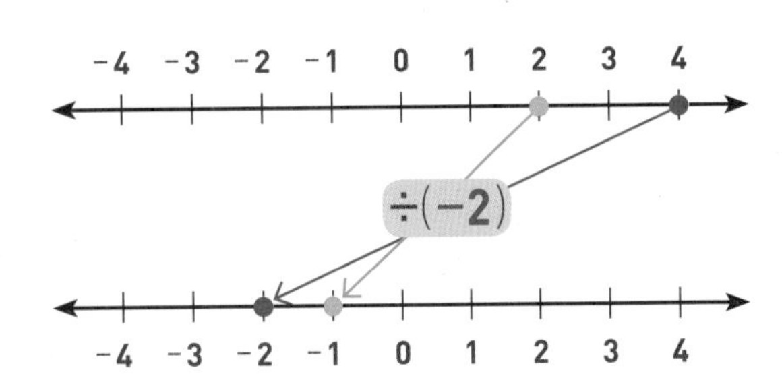

$$2 < 4$$

▼

$$2 < 4$$

▼

ACT 30

부등식의 표현

스피드 정답 : 06쪽
친절한 풀이 : 29쪽

부등식

부등호 $>$, $<$, $\geq$, $\leq$를 사용하여 두 수 또는 식의 대소 관계를 나타낸 식

$2x-1>3$ (좌변: $2x-1$, 우변: 3, 양변)

부등식의 표현

$a>b$	$a<b$	$a\geq b$	$a\leq b$
• a는 b보다 크다. • a는 b 초과이다.	• a는 b보다 작다. • a는 b 미만이다.	• a는 b보다 크거나 같다. • a는 b보다 작지 않다. • a는 b 이상이다.	• a는 b보다 작거나 같다. • a는 b보다 크지 않다. • a는 b 이하이다.

참고 $a\geq b$는 $a>b$ 또는 $a=b$, $a\leq b$는 $a<b$ 또는 $a=b$를 의미한다.

*** 다음 중 부등식인 것은 ○표, 부등식이 아닌 것은 ×표를 하시오.**

01 $x-1$ (　　)

02 $a-2>b$ (　　)

03 $3>5$ (　　)

3이 5보다 크다? 식은 틀렸지만, 부등호는 있어!

04 $x-y=7$ (　　)

05 $a+3=a+7$ (　　)

06 $2x-y+3<0$ (　　)

*** 다음 문장을 부등식으로 나타낼 때, ○ 안에 알맞은 부등호를 쓰시오.**

07 a는 9 미만이다. ➡ a ○ 9

08 b는 2 초과이다. ➡ b ○ 2

09 x는 3 이상이다. ➡ x ○ 3

10 y는 6 이하이다. ➡ y ○ 6

11 3은 m보다 작지 않다. ➡ 3 ○ m

크거나 같다.

12 n은 $l+2$보다 크거나 같다. ➡ n ○ $l+2$

* 다음 문장을 부등식으로 나타내시오.

13 t에 2를 더한 것은 4보다 크지 않다.

➡ $t+2$ ◯ 4

14 k에서 3을 뺀 것은 k의 2배 이상이다.

➡ ______ ◯ ______

15 b를 3배한 후 4를 뺀 것은 12보다 작다.

➡ ______ ◯ ______

16 25에서 a를 빼면 10보다 크거나 같다.

➡ ______ ◯ ______

17 y를 2배한 후 5를 더한 것은 y의 4배에서 3을 뺀 것 이하이다.

➡ ______ ◯ ______

18 x의 4배에서 3을 뺀 것은 x에 5를 더한 것의 3배보다 작지 않다.

➡ ______ ◯ ______

19 x의 2배에서 1을 뺀 것은 x의 3배에서 7을 더한 것보다 크다.

➡ ______ ◯ ______

* 다음 문장을 부등식으로 나타내시오.

20 한 변의 길이가 x cm인 정사각형의 넓이는 $25\,\text{cm}^2$ 이하이다.

➡ ______________________

21 어떤 놀이 기구에 탈 수 있는 사람의 키 a cm는 110 cm 이상이다.

➡ ______________________

22 우리 반 학생 x명의 10배는 학교 전체의 학생 수 300명보다 크지 않다.

➡ ______________________

부등호가 두 개야.
x가 8 이상 12 이하 ➡ $8 \le x \le 12$

23 시속 4 km로 z시간 동안 걸은 거리는 8 km 이상 12 km 이하이다.

➡ ______________________

시험에는 이렇게 나온대.

24 다음 중 문장을 부등식으로 나타낸 것으로 옳지 않은 것은?

① x의 2배에서 3을 뺀 것은 x의 5배보다 크다.
➡ $2x-3>5x$

② 시속 x km의 속력으로 2시간 동안 달린 거리는 10 km 미만이다. ➡ $2x<10$

③ 한 개에 100원인 사탕 a개를 사면 5000원 이하이다. ➡ $100a \le 5000$

④ 한 권에 x원인 공책 5권과 한 개에 500원인 지우개 2개의 가격은 3000원을 넘지 않는다.
➡ $5x+1000<3000$

⑤ 반지름의 길이가 r인 원의 넓이는 10 이상이다.
➡ $\pi r^2 \ge 10$

ACT 31

부등식과 그 해

스피드 정답 : 07쪽
친절한 풀이 : 29쪽

부등식의 해

부등식을 참이 되게 하는 미지수의 값

부등식을 푼다

부등식의 모든 해를 구하는 것

예 부등식 $x+2<4$에서 $x=0, 1, 2$에 대하여
$x=0$일 때 $0+2<4$ (참)
$x=1$일 때 $1+2<4$ (참)
$x=2$일 때 $2+2<4$ (거짓)
따라서 주어진 부등식의 해는 0, 1이다.

참고 부등식의 참, 거짓
➡ 좌변과 우변의 값의 대소 관계가 부등호의 방향과 일치하면 참, 일치하지 않으면 거짓이다.

---

* x의 값이 $-2, -1, 0, 1, 2$일 때, 다음 부등식에 대하여 표를 완성하고 부등식의 해를 구하시오.

01 $2x+3<5$

x	좌변	부등호	우변	참, 거짓
-2	$2\times(-2)+3=-1$	$<$	5	참
-1			5	
0			5	
1			5	
2			5	

해 : ____________

02 $7-2x\le 8$

x	좌변	부등호	우변	참, 거짓
-2	$7-2\times(-2)=11$	$>$	8	거짓
-1			8	
0			8	
1			8	
2			8	

해 : ____________

* x의 값이 $0, 1, 2, 3, 4$일 때, 다음 부등식에 대하여 표를 완성하고 부등식의 해를 구하시오.

03 $2x+1\ge x+2$

x	좌변	부등호	우변	참, 거짓
0	$2\times0+1=1$	$<$	$0+2=2$	거짓
1				
2				
3				
4				

해 : ____________

04 $5x-3<3x$

x	좌변	부등호	우변	참, 거짓
0	$5\times0-3=-3$	$<$	$3\times0=0$	참
1				
2				
3				
4				

해 : ____________

* 다음 [ ] 안의 수가 주어진 부등식의 해이면 ○표, 해가 아니면 ×표를 하시오.

05 $2x-5>4$ [2] ( )

▶ $x=2$를 부등식에 대입하면

(좌변)$=2\times2-5=$☐, (우변)$=4$

즉, (좌변) ◯ (우변)이므로

2는 (해이다, 해가 아니다).

06 $5x+1\geq7-x$ [1] ( )

07 $3x>2x-5$ [-1] ( )

08 $-x+4\geq2x+1$ [0] ( )

09 $\frac{x}{3}-4<\frac{x}{2}-5$ [6] ( )

10 $3(x-2)\leq6$ [3] ( )

* 다음 수 중 주어진 부등식의 해를 모두 구하시오.

11 $2x+3<7$ $-1,\ 0,\ 1,\ 2,\ 3$

12 $x-6\leq2x$ $-2,\ -1,\ 0,\ 1,\ 2$

13 $10-3x\geq x$ $1,\ 2,\ 3,\ 4,\ 5$

14 $3x-7<2x-3$ $2,\ 3,\ 4,\ 5,\ 6$

15 $3-5x\geq1-3x$ $-1,\ 0,\ 1,\ 2$

시험에는 이렇게 나온다.

16 x의 값이 1, 2, 3, 4, 5일 때, 부등식 $x-2\geq3$의 해의 개수는?

① 1개 ② 2개 ③ 3개
④ 4개 ⑤ 5개

ACT 32

부등식의 성질

스피드 정답 : 07쪽
친절한 풀이 : 30쪽

$a<b$일 때	부등식의 양변에	부등호의 방향은
$a+c<b+c$, $a-c<b-c$	같은 수를 더하거나 빼어도	그대로
$c>0$이면 $ac<bc$, $\frac{a}{c}<\frac{b}{c}$	같은 양수를 곱하거나 나누어도	그대로
$c<0$이면 $ac>bc$, $\frac{a}{c}>\frac{b}{c}$	같은 음수를 곱하거나 나누면	바뀐다.

* 부등식 $6>4$에 대하여 주어진 부등식의 양변을 계산하고, ○ 안에 알맞은 부등호를 쓰시오.

$6>4$

01 $6+2$ ○ $4+2$
$=\square$ $=\square$

02 $6-2$ ○ $4-2$
$=\square$ $=\square$

03 6×2 ○ 4×2
$=\square$ $=\square$

04 $6\times(-2)$ ○ $4\times(-2)$
$=\square$ $=\square$

05 $\square=\frac{6}{-2}$ ○ $\frac{4}{-2}=\square$

* $a>b$일 때, ○ 안에 알맞은 부등호를 쓰시오.

06 $a+5$ ○ $b+5$

07 $a-4$ ○ $b-4$

08 $2a$ ○ $2b$

09 $\frac{a}{2}$ ○ $\frac{b}{2}$

10 $-6a$ ○ $-6b$

부등식의 양변에 같은 음수를 곱하거나 나누면 부등호의 방향은 바뀐다.

11 $a\div(-7)$ ○ $b\div(-7)$

* $a \le b$일 때, ○ 안에 알맞은 부등호를 쓰시오.

12 $a-1$ ○ $b-1$

'<'를 '≤'로 바꾸어도 부등식의 성질은 성립해.

13 $a+\frac{1}{2}$ ○ $b+\frac{1}{2}$

14 $3a$ ○ $3b$

15 $-6a$ ○ $-6b$

16 $\frac{a}{5}$ ○ $\frac{b}{5}$

17 $2a+1$ ○ $2b+1$

18 $-\frac{a}{3}-2$ ○ $-\frac{b}{3}-2$

19 $4-a$ ○ $4-b$

* 다음 ○ 안에 알맞은 부등호를 쓰시오.

20 $a+3>b+3$이면 a ○ b

21 $a-5 \le b-5$이면 a ○ b

22 $4a>4b$이면 a ○ b

23 $-\frac{a}{3} \ge -\frac{b}{3}$이면 a ○ b

24 $3a-1<3b-1$이면 a ○ b

25 $3-\frac{a}{2} \le 3-\frac{b}{2}$이면 a ○ b

시험에는 이렇게 나온대.

26 $a \ge b$일 때, 다음 중 ○ 안에 들어갈 부등호의 방향이 나머지 넷과 다른 것은?

① $a+4$ ○ $b+4$
② $a-\frac{1}{4}$ ○ $b-\frac{1}{4}$
③ $3-2a$ ○ $3-2b$
④ $\frac{a-1}{2}$ ○ $\frac{b-1}{2}$
⑤ $7a+3$ ○ $7b+3$

ACT+ 33

필수 유형 훈련

스피드 정답 : 07쪽
친절한 풀이 : 31쪽

유형 1 식의 값의 범위 구하기

$a>0$이고 ●$<x<$■일 때, $ax+b$의 값의 범위는 ❶ x의 계수를 같게 한 후, ❷ 상수항을 같게 만든다.

❶ ●$<x<$■의 각 변에 a를 곱한다. ➡ (●$\times a$)$<ax<$(■$\times a$)

❷ (●$\times a$)$<ax<$(■$\times a$)의 각 변에 b를 더한다. ➡ (●$\times a$)$+b<ax+b<$(■$\times a$)$+b$

Skill

부등식의 성질 기억하지?
x의 계수 a가 음수이면 부등호의 방향이 바뀐다는 걸 잊지 말자!
예) x>5 ➡ −3x<−15, x<−3 ➡ −3x>9

* $-1<x<3$일 때, 주어진 식의 값의 범위를 구하시오.

01 $x-2$

▶ $-1<x<3$의 각 변에 ☐를 더하면

$-1+($☐$)<x+($☐$)<3+($☐$)$

∴ ☐$<x-2<$☐

02 $5x$

▶ $-1<x<3$의 각 변에 ☐를 곱하면

$-1\times$☐$<x\times$☐$<3\times$☐

∴ ☐$<5x<$☐

03 $-5x+2$

▶ $-1<x<3$의 각 변에 -5를 곱하면

$-1\times($☐$)>x\times($☐$)>3\times($☐$)$

위 식의 각 변에 2를 더하면

☐$>-5x+2>$☐

∴ ☐$<-5x+2<$☐

* $-2\le x<1$일 때, 주어진 식의 값의 범위를 구하시오.

04 $3x$

05 $-3x$

음수를 곱하면
부등호의 방향은 반대로 바뀌어!

06 $3x-4$

07 $-3x+5$

08 $\dfrac{1+x}{2}$

09 $\dfrac{1-x}{2}$

유형 2 x의 값의 범위 구하기

$a>0$이고 $\bullet < ax+b < \blacksquare$일 때, x의 값의 범위는 ❶ 상수항을 없앤 후, ❷ x의 계수를 1로 만든다.

❶ $\bullet < ax+b < \blacksquare$의 각 변에서 b를 뺀다. ➡ $(\bullet - b) < ax < (\blacksquare - b)$

❷ $(\bullet - b) < ax < (\blacksquare - b)$의 각 변을 a로 나눈다. ➡ $\dfrac{\bullet - b}{a} < x < \dfrac{\blacksquare - b}{a}$

Skill 유형 1을 거꾸로 푸는 문제야. 헷갈리지 말자!

* 식의 값의 범위가 다음과 같을 때, x의 값의 범위를 구하시오.

10 $x+5>10$

▶ $x+5>10$의 양변에서 5를 빼면

$x+5-\square > 10-\square$

$\therefore x > \square$

11 $-4x \le 12$

▶ $-4x \le 12$의 양변을 -4로 나누면

$\dfrac{-4}{\square}x \ge \dfrac{12}{\square}$

$\therefore x \ge \square$

12 $2x+3 \ge 5$

13 $\dfrac{5-x}{2} < 8$

14 $6 \le 3x < 15$

▶ $6 \le 3x < 15$의 각 변을 3으로 나누면

$6 \div \square \le 3x \div \square < 15 \div \square$

$\therefore \square \le x < \square$

15 $-3 < -3x \le 6$

음수로 나누면
부등호의 방향은 반대!

16 $-1 \le 2x-1 \le 7$

17 $-8 < 2-5x < 7$

18 $-1 < \dfrac{3+2x}{5} < 1$

VISUAL IDEA 6

일차부등식

V 일차부등식의 이해

"방정식과 비슷하지만 달라."

등호가 보이면 방정식, 부등호가 보이면 부등식이다.

▶ 일차부등식

"방정식은 등호(=), 부등식은 부등호(<, >, ≤, ≥)"

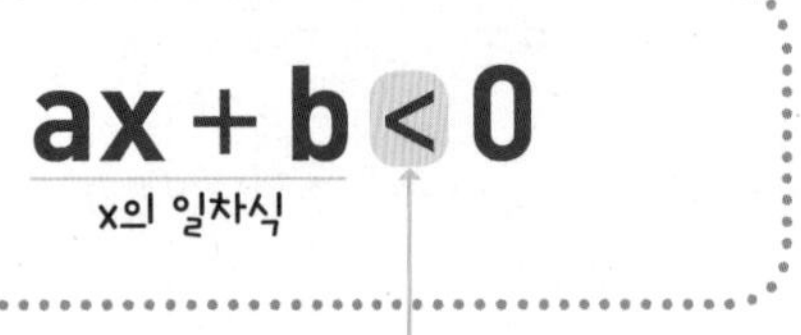

부등호 <, >, ≤, ≥가 들어간다.

부등식의 모든 항을 좌변으로 이항하여 정리한 식이 (일차식) > 0, (일차식) < 0, (일차식) ≥ 0, (일차식) ≤ 0 중에서 어느 하나의 꼴로 나타나는 부등식을 일차부등식이라고 한다.

▶ 일차부등식 해의 표현

부등식에서 부등호가 벌어진 모양과 화살촉의 모양이 같아.

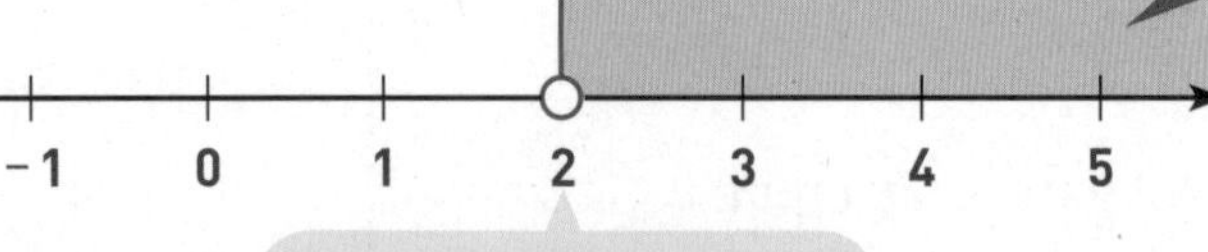

2는 해가 아니므로 ○로 나타내. 속이 텅 비었지!

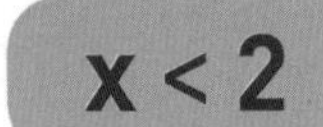

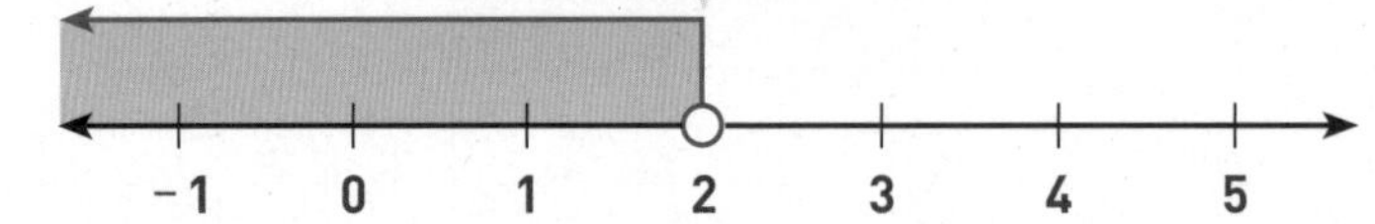

x ≥ 2

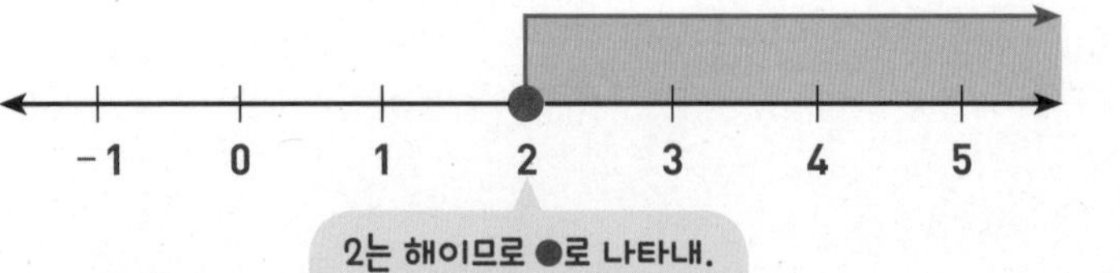

2는 해이므로 ●로 나타내. 속이 꽉 차게!

x ≤ 2

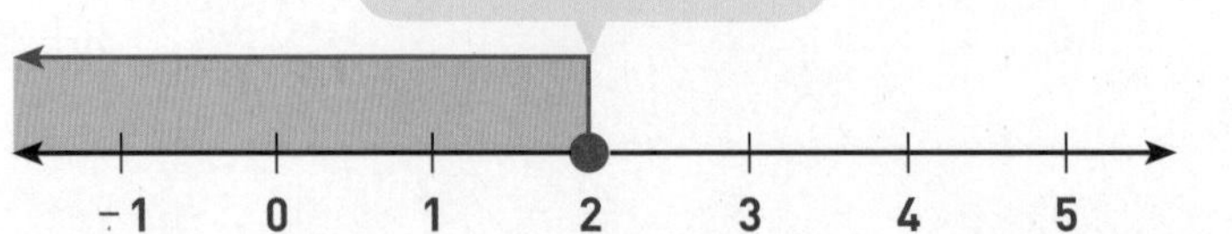

Ⓐ 일차부등식의 풀이

"일차방정식과 같은 방법으로 해를 구하자."

부등호의 왼쪽에는 x만 남기고, 부등호의 오른쪽을 수의 꼴로 만든다.

우리는 형제!

일차방정식

$$x + 4 = 3x - 2$$

$$x - 3x = -2 - 4$$

$$-2x = -6$$

$$\frac{-2x}{-2} = \frac{-6}{-2}$$

$$x = 3$$

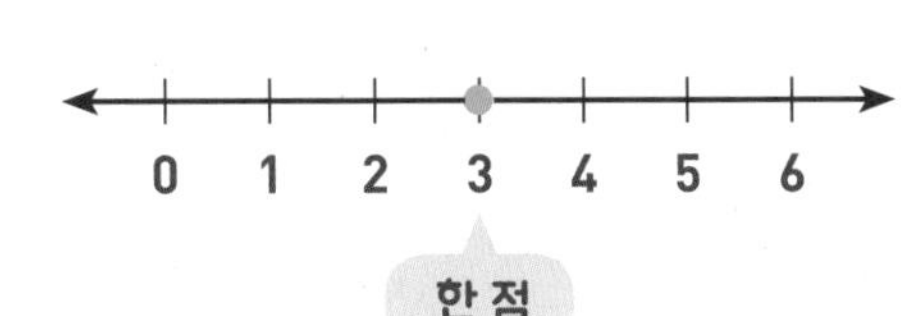

한 점

일차부등식

$$x + 4 < 3x - 2$$

$$x - 3x < -2 - 4$$

$$-2x < -6$$

$$\frac{-2x}{-2} > \frac{-6}{-2}$$

$$x > 3$$

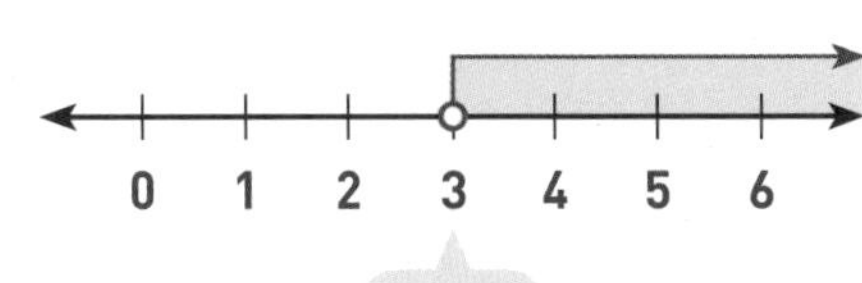

범위

❶ x항을 좌변으로, 상수항을 우변으로 이항한다.

❷ 동류항끼리 계산한다.

❸ 양변을 x의 계수 (−2)로 나눈다.

음수로 나누면 부등호의 방향이 바뀌지!

부등식과 교통안전 표지판

교통안전 표지판은 최고 속도 제한, 최저 속도 제한, 차간 거리 확보, 차 높이 제한 등을 나타내는 부등식을 한눈에 알아볼 수 있도록 나타낸 그림입니다. 표지판이 원래 어떤 내용이었는지 부등식으로 표현해 보면 다음과 같아요.

최고 속도 제한
(주행 속도)<50㎞

최저 속도 제한
(주행 속도)≥30㎞

차간 거리 확보
(차간 거리)≥50m

차 높이 제한
(차 높이)≤3.5m

교통 법규를 잘 지키자!

ACT 34

일차부등식의 뜻과 풀이

스피드 정답 : 07쪽
친절한 풀이 : 31쪽

이항

부등식의 한 변에 있는 항을 부호를 바꾸어 다른 변으로 옮기는 것

$$x-2>3 \Rightarrow x>3+2$$

일차부등식

부등식의 모든 항을 좌변으로 이항하여 정리하였을 때 좌변이 일차식인 부등식

$ax+b>0$　　$ax+b\geq 0$

$ax+b<0$　　$ax+b\leq 0$

일차부등식의 풀이

$2x-3>5x$

$2x-5x>3$

$-3x>3$

$\frac{-3x}{-3}<\frac{3}{-3}$

$\therefore x<-1$

❶ x항은 좌변으로, 상수항은 우변으로 이항한다.
❷ 양변을 간단하게 정리한다.
❸ 양변을 x의 계수로 나눈다.

주의 음수를 곱하거나 나누면 부등호의 방향이 바뀐다.

＊ 다음 부등식에서 밑줄 친 항을 이항하시오.

01 $x\underline{-3}>2$

▶ -3의 부호를 바꾸면 ($-$, $+$)3
이 값을 우변으로 옮기면 $x>2$ ☐ 3

이항할 때 부등호의 방향은 바뀌지 않아!

02 $3x\underline{+4}<6$

03 $7x\geq\underline{5x}-4$

04 $\underline{-x}+2\leq 3x$

05 $\underline{-5}>\underline{-3x}+1$

06 $5x\underline{-3}\geq\underline{-2x}+4$

＊ 다음 중 일차부등식은 ○표, 아닌 것은 ×표를 하시오.

07 $x-3>2$ (　　)

08 $x-4y+1$ (　　)

09 $2x+1>2x-3$ (　　)

10 $5x-1\leq 3x+2$ (　　)

11 $x(x-1)\geq 2x$ (　　)

12 $x^2-2<x(x-2)$ (　　)

* 다음 일차부등식을 푸시오.

13 $x+2<4$

▶ $+2$를 우변으로 이항하면 $x<4\square 2$

$\therefore x<\square$

14 $3x+7\le x+5$

▶ x는 좌변으로, 7은 우변으로 이항하면

$3x\square x\le 5-7$ ➡ $2x\le\square$

양변을 $\square$로 나누면 $x\le\square$

15 $-3x+1\ge -5$

16 $-2x+3\ge x-6$

17 $3x+1>-2x-14$

18 $5x-9<3-x$

19 $-5x\le 12-8x$

20 $x>2x-3$

21 $1-x\ge x+5$

22 $3-7x\ge 7-9x$

시험에는 이렇게 나온대.

23 부등식 $ax+2\le 5-2x$가 일차부등식일 때, 다음 중 상수 a의 값이 될 수 <u>없는</u> 것은?

① -2 ② -1 ③ 0
④ 1 ⑤ 2

ACT 35

일차부등식의 해와 수직선

스피드 정답 : 07쪽
친절한 풀이 : 32쪽

부등식의 해를 수직선 위에 나타내기

$x>a$	$x<a$	$x\geq a$	$x\leq a$
a	a	a	a

참고 해를 수직선 위에 나타낼 때 ┌ ○은 그 점에 대응하는 수가 해에 포함되지 않음을 뜻한다.
└ ●은 그 점에 대응하는 수가 해에 포함됨을 뜻한다.

* 다음 일차부등식의 해를 수직선 위에 나타내시오.

01 $x>5$

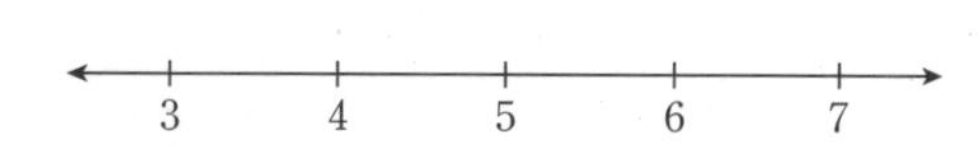

02 $x<3$

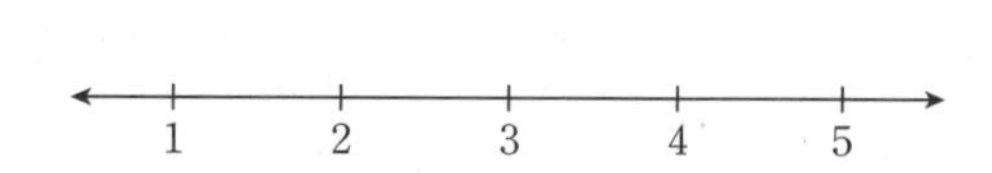

03 $x\geq-2$

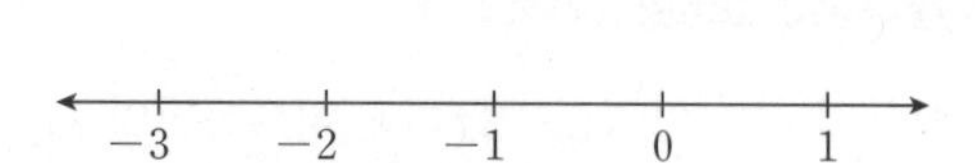

04 $x\leq0$

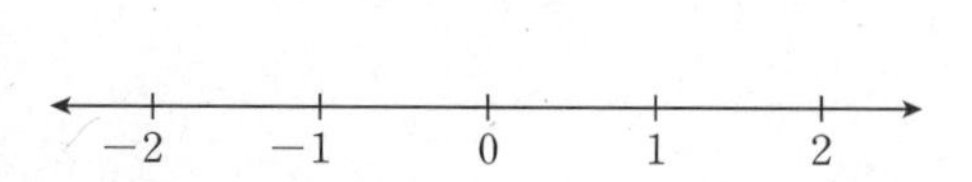

* 다음 수직선 위에 나타내어진 x의 값의 범위를 부등식으로 나타내시오.

05

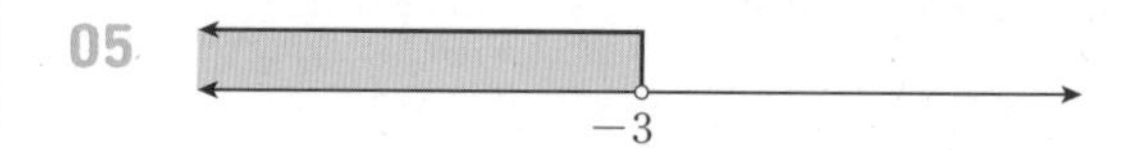

06

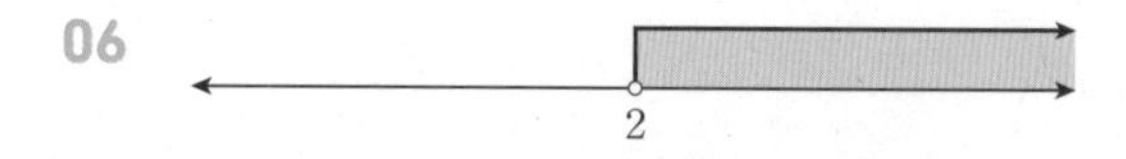

07

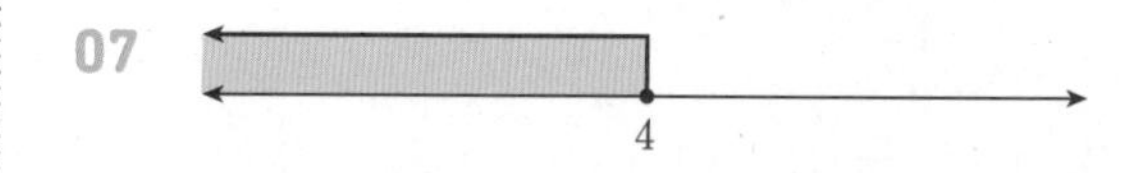

08

＊ **다음 일차부등식의 해를 구하고, □ 안에 알맞은 수를 쓰시오.**

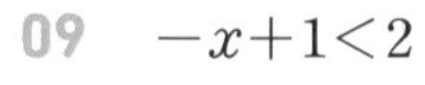

09 $-x+1<2$

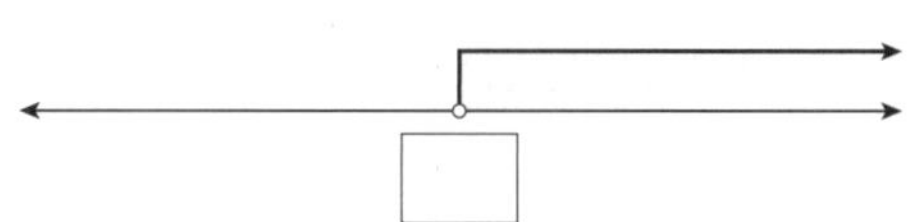

10 $3x-2\geq 4$

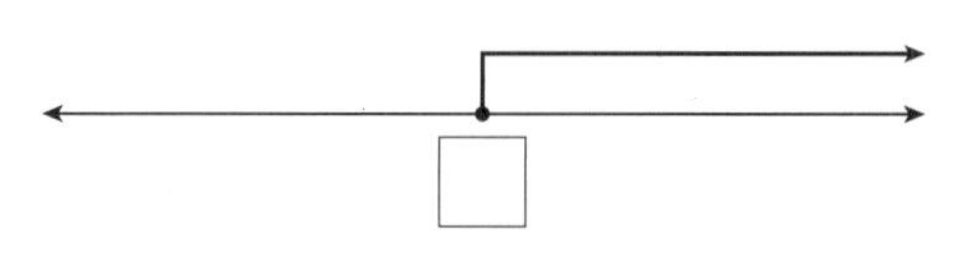

11 $-x+6<5x$

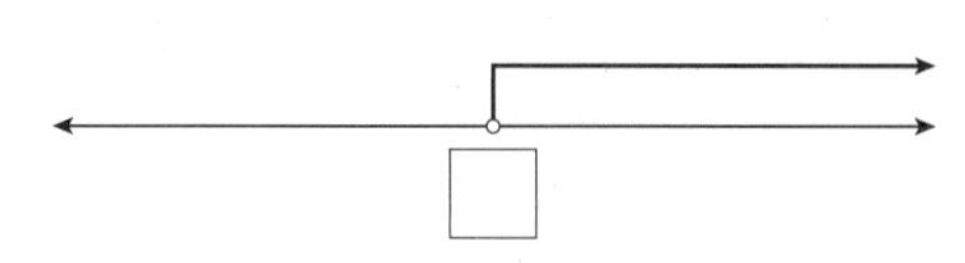

12 $-x+1\leq 3x-7$

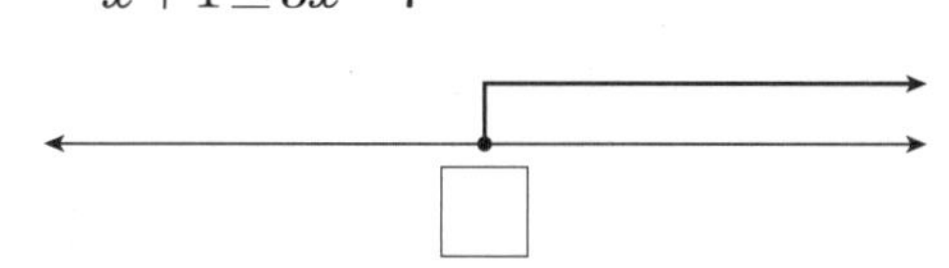

13 $x\geq 4+5x$

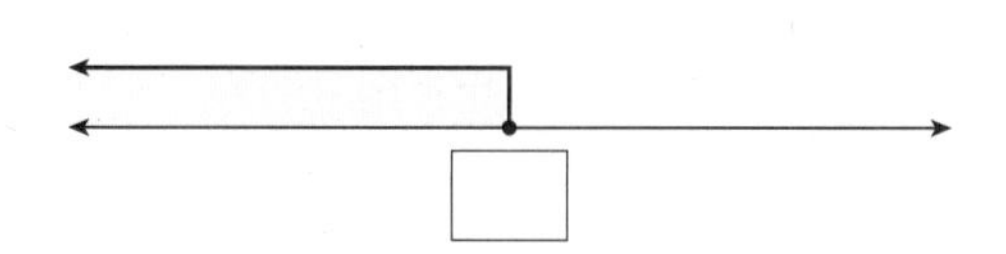

＊ **다음 일차부등식의 해를 구하고, 그 해를 수직선 위에 나타내시오.**

14 $5x>6x-3$

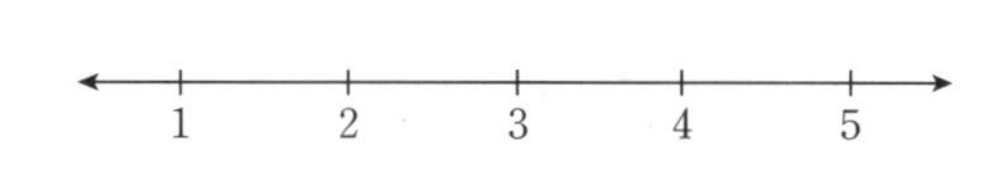

15 $-x+7\leq -3x+9$

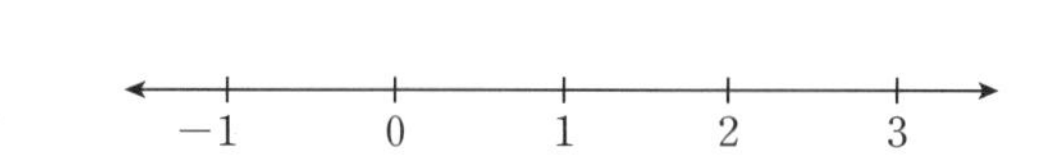

16 $7x-5\geq 3x+11$

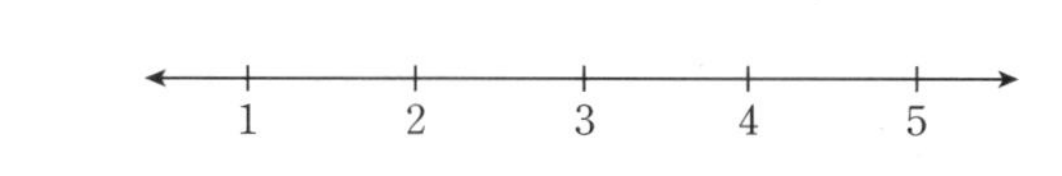

17 $-2x-3<-6x+5$

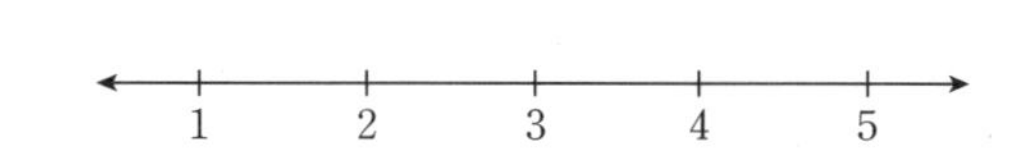

시험에는 이렇게 나온대.

18 다음 일차부등식 중 해를 수직선 위에 나타냈을 때, 오른쪽 그림과 같은 것은?

① $2x+1\geq x$ ② $x-2\leq -x-2$
③ $-5x+3\geq 3x-5$ ④ $9x<3x+6$
⑤ $4x-3\leq 2x+1$

ACT 36

괄호가 있는 일차부등식의 풀이

스피드 정답 : 08쪽
친절한 풀이 : 33쪽

괄호가 있는 일차부등식은
❶ 분배법칙을 이용하여 괄호를 푼다.
❷ 동류항을 정리하여 부등식을 푼다.

참고 $a(b+c)=ab+ac$, $(a+b)c=ac+bc$

예 $3(x-2)>x$
$3x-6>x$ ← ❶ 괄호를 푼다.
$3x-x>6$
$2x>6$
$\therefore x>3$ ← ❷ 동류항을 정리하여 푼다.

* 다음 일차부등식을 푸시오.

01 $x<4(x-3)$

▶ $x<4(x-3)$에서 괄호를 풀면
$x<4x-$☐
$4x$를 좌변으로 이항하여 정리하면
$-3x<$☐
양변을 ☐으로 나누면
$x>$☐

02 $2(x-1)\geq -x+4$

03 $4(x-2)+4>1-x$

04 $6x+4\leq -(1-3x)+2$

05 $2(x-1)+3>-(4-x)$

▶ $2(x-1)+3>-(4-x)$에서 괄호를 풀면
$2x-$☐$+3>x-$☐
$2x-$☐$>-4-$☐
$\therefore x>$☐

06 $4(x-2)\leq -2(3-x)$

07 $3(x-1)+1\geq 2(4-x)$

08 $8-2(x+1)<4(x-3)$

09 $2x-5(x-1)\leq 10$

10 $5x\geq 2(x+1)+1$

11 $4(2x-1)<3x+6$

12 $2(2x-1)\geq 5(x-1)$

13 $3x-(4+2x)\leq 4(x-1)$

14 $1-(5+9x)<-3(x-1)+5$

*** 다음 일차부등식을 풀고, 그 해를 수직선 위에 나타내시오.**

15 $-x<-5(x-4)$

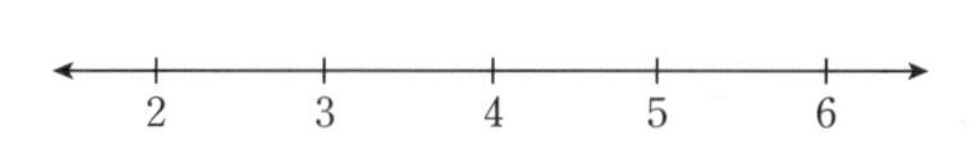

16 $2(x-7)>4(2x+1)$

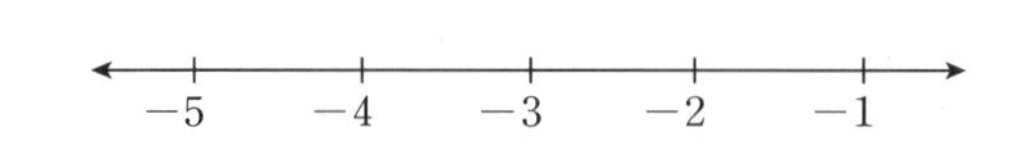

17 $3(x-1)+1\geq 2(4-x)$

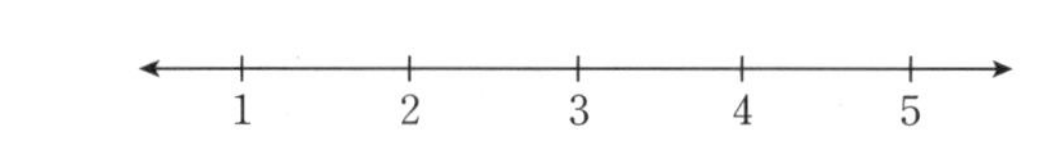

18 $2(x-3)+4\leq 2(2x-1)-6$

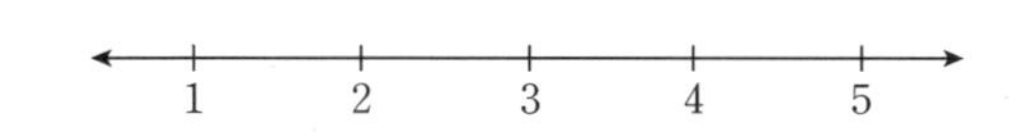

시험에는 이렇게 나온대.

19 일차부등식 $3(x-1)+5>-5(x+1)$을 만족시키는 가장 작은 정수 x는?

① -1 ② 0 ③ 1
④ 2 ⑤ 3

ACT 37

계수가 소수인 일차부등식의 풀이

스피드 정답 : 08쪽
친절한 풀이 : 34쪽

계수가 소수인 일차부등식은

❶ 양변에 10, 100, 1000, ⋯ 중에서 계수를 정수로 만들 수 있는 적당한 수를 곱하여 계수를 정수로 고친다.

❷ 동류항을 정리하여 부등식을 푼다.

예 $0.5x-0.6<0.3x$
$5x-6<3x$ ← ❶ 양변에 10을 곱한다.
$5x-3x<6$
$2x<6$
$\therefore x<3$ ← ❷ 동류항을 정리하여 푼다.

* 다음 일차부등식을 푸시오.

01 $0.5x-0.8<0.3x$

▶ 양변에 ☐을 곱하면 $5x-$☐$<3x$

이항하여 정리하면 $2x<$☐

양변을 ☐로 나누면 $x<$☐

02 $1.2x+0.2\geq0.3x+2$

03 $0.1x-0.3>0.5x+0.5$

04 $0.2x+0.5\leq x-1.1$

05 $0.18-0.02x<0.02-0.1x$

▶ 양변에 ☐을 곱하면

☐$-2x<2-10x$

이항하여 정리하면 $8x<$☐

양변을 ☐로 나누면 $x<$☐

06 $0.08x-0.02\leq0.01x-0.09$

07 $0.35x-0.2x\geq-0.15$

08 $0.24x+0.1>0.3x-0.02$

09 $0.4-0.2x \le -1$

10 $1.1-0.3x \le 0.8x$

11 $3-0.1x < x-0.3$

12 $0.05x+0.12 > 0.08x$

13 $-0.03x+0.01 > -0.02x-0.05$

14 $0.05x-0.1 \ge 0.25-0.02x$

15 $0.3(x-3) < -0.2x-0.9$

16 $0.4(2x-5)+1 > 0.3x$

17 $0.2(x-1)+0.6 \le 0.3(x+8)-0.2x$

18 $0.12(x-0.5) \ge 0.09(-2x+1)$

시험에는 이렇게 나온대.

19 일차부등식 $0.3(x-1) \ge 0.4x-0.6$을 만족시키는 자연수 x의 개수는?

① 1개 ② 2개 ③ 3개
④ 4개 ⑤ 5개

ACT 38

계수가 분수인 일차부등식의 풀이

스피드 정답 : 08쪽
친절한 풀이 : 35쪽

계수가 분수인 일차부등식은

❶ 양변에 분모의 최소공배수를 곱하여 계수를 정수로 고친다.

❷ 동류항을 정리하여 부등식을 푼다.

예 $1+\frac{1}{3}x>-\frac{1}{6}x$

$6+2x>-x$ ← ❶ 양변에 분모의 최소공배수인 6을 곱한다.

$2x+x>-6$

$3x>-6$

$\therefore x>-2$ ← ❷ 동류항을 정리하여 푼다.

* 다음 일차부등식을 푸시오.

01 $\frac{3x-2}{2}\le 2$

▶ 양변에 □를 곱하면 $3x-2\le$ □

-2를 우변으로 이항하여 정리하면

$3x\le$ □

양변을 □으로 나누면 $x\le$ □

02 $1-\frac{1}{3}x\ge\frac{1}{6}x$

▶ 양변에 □을 곱하면 $6-2x\ge$ □

이항하여 정리하면 □$x\ge-6$

양변을 □으로 나누면 $x\le$ □

03 $\frac{2}{5}x+\frac{1}{10}<\frac{1}{4}x+1$

04 $1+\frac{7}{6}x>x+\frac{5}{3}$

05 $\frac{3x-1}{2}>\frac{2x+1}{3}$

▶ 양변에 □을 곱하면

$3(3x-1)>2(2x+1)$

괄호를 풀면 $9x-$□$>4x+$□

이항하여 정리하면 $5x>$ □

양변을 □로 나누면 $x>$ □

06 $\frac{2x-1}{3}-\frac{x-2}{4}<1$

▶ 양변에 □를 곱하면

$4(2x-1)-3(x-2)<12$

괄호를 풀면 $8x-4-3x+$□<12

이항하여 정리하면 $5x<$ □

양변을 □로 나누면 $x<$ □

07 $\frac{x}{3}+1\ge-\frac{x+3}{5}$

08 $2x+5\le\frac{x+13}{2}$

09 $\frac{4-5x}{3}<-2$

10 $\frac{x}{4}+\frac{1}{2}\geq\frac{x}{2}+1$

11 $\frac{x+1}{3}-\frac{x-3}{2}\leq 2$

12 $\frac{5x-2}{3}>x+4$

13 $\frac{x}{3}-\frac{x-2}{4}\leq-\frac{x}{12}$

14 $5+\frac{3x-1}{4}\geq\frac{2x+1}{2}+4$

15 $\frac{2}{3}(x-2)>\frac{x}{2}-1$

▶ 양변에 $\square$을 곱하면

$4(x-2)>3x-\square$

괄호를 풀면 $4x-\square>3x-\square$

이항하여 정리하면 $x>\square$

16 $1+\frac{3}{4}x<\frac{2(x+1)}{3}$

17 $\frac{5(x-1)}{6}>\frac{x+1}{2}$

18 $\frac{2}{5}(2x-1)\leq\frac{3}{2}(x+3)$

시험에는 이렇게 나온대.

19 일차부등식 $\frac{x}{4}-\frac{1}{3}\leq-\frac{x-6}{3}$을 만족시키는 자연수 x의 개수는?

① 1개 ② 2개 ③ 3개
④ 4개 ⑤ 5개

ACT 39

복잡한 일차부등식의 풀이

스피드 정답 : 08쪽
친절한 풀이 : 36쪽

괄호가 있는 일차부등식 → (분배법칙을 이용하기) → 괄호를 풀고 동류항을 정리하여 푼다.

계수가 분수인 일차부등식 → (양변에 분모의 최소공배수를 곱하기) → 계수를 정수로 만들어 푼다.

계수가 소수인 일차부등식 → (양변에 10의 거듭제곱을 곱하기) → 계수를 정수로 만들어 푼다.

*** 다음 일차부등식을 푸시오.**

01 $3(2x-5)>9$

02 $5(3x-2)-3>7-5x$

03 $2(4x+1)\leq5(x-2)$

04 $5x-3(2+x)\geq6(x+1)$

05 $2(3x-1)-3\leq3(x+5)+1$

06 $0.2x-0.7x<1$

07 $0.6x-1\leq0.4x+0.2$

08 $x-0.6>0.2x+1$

09 $0.08x-0.03<0.01x-0.1$

10 $0.5x-0.6(x-1)<1$

11 $\frac{2}{5}x+\frac{3}{2}\le\frac{1}{2}x+1$

12 $\frac{5x+3}{2}\le\frac{x-3}{4}$

13 $\frac{3(x-1)}{4}-\frac{x}{2}<\frac{x}{8}$

14 $0.3x+1.2\ge\frac{3}{2}x$

15 $\frac{3}{2}x-1.2<0.7x+\frac{2}{5}$

16 $0.2x-0.8>\frac{1}{2}x-2$

17 $0.4(x-5)-\frac{x}{5}\ge1$

▶ 양변에 $\square$ 을 곱하면 $4(x-5)-2x\ge10$

괄호를 풀면 $4x-\square-2x\ge10$

이항하여 정리하면 $2x\ge\square$

양변을 $\square$ 로 나누면 $x\ge\square$

18 $0.3x+0.8\le\frac{3(x-1)}{2}-0.1$

19 $0.2(3x+2)-1>\frac{2(x+3)}{5}+0.8x$

20 $2.2x-\frac{3}{10}<2\left(x+\frac{1}{5}\right)+0.3$

시험에는 이렇게 나온대.

21 일차부등식

$$\frac{2x-3}{5}-\frac{3(x-4)}{4}\ge1.2x-\frac{x-2}{2}$$

를 만족시키는 가장 큰 정수 x는?

① -2　　② -1　　③ 0
④ 1　　⑤ 2

ACT+ 40

필수 유형 훈련

스피드 정답 : 08쪽
친절한 풀이 : 37쪽

유형 1 x의 계수가 문자인 일차부등식의 풀이

❶ 미지수 x를 포함한 항은 좌변으로, 상수항은 우변으로 이항하여 $ax>b$ 꼴로 정리한다.

❷ $a>0$이면 $x>\frac{b}{a}$, $a<0$이면 $x<\frac{b}{a}$

Skill 부등호가 $<$, $\leq$, $\geq$인 경우에도 방법은 똑같아.

01 a의 값이 다음과 같을 때, x에 관한 일차부등식 $ax-1<3$의 해를 각각 구하시오.

(1) $a>0$일 때

▶ $ax-1<3$에서
-1을 우변으로 이항하면 $ax<\square$
$a>0$이므로 양변을 a로 나누면
$\therefore x<\frac{\square}{a}$

(2) $a<0$일 때

▶ $ax-1<3$에서
-1을 우변으로 이항하면 $ax<\square$
$a<0$이므로 양변을 a로 나누면
$\therefore x>\frac{\square}{a}$

음수로 나눌 때 부등호의 방향이 바뀌는 것에 주의해야 해!

02 $a<0$일 때, x에 관한 일차부등식 $ax+1\leq 2$의 해를 구하시오.

유형 2 해가 주어진 일차부등식

$ax>b$의 해가
- $x>k$이면 $a>0$, $\frac{b}{a}=k$
- $x<k$이면 $a<0$, $\frac{b}{a}=k$

Skill 부등호의 방향에 주의하자.
$ax<b$, $ax>b$, $ax\leq b$, $ax\geq b$ 중 하나로 정리했을 때, 해의 부등호와 같은 방향이면 $a>0$, 해의 부등호와 다른 방향이면 $a<0$이지!

03 일차부등식 $ax-2<1$의 해가 다음과 같을 때, 상수 a의 값을 각각 구하시오.

(1) $x<1$

▶ $ax-2<1$에서 $ax<\square$
부등식의 해가 $x<1$이므로 ($a>0$, $a<0$)
양변을 a로 나누면 $x<\frac{\square}{a}$
따라서 $\frac{\square}{a}=1$이므로 $a=\square$

(2) $x>-1$

▶ $ax-2<1$에서 $ax<\square$
부등식의 해가 $x>-1$이므로 ($a>0$, $a<0$)
양변을 a로 나누면 $x>\frac{\square}{a}$
따라서 $\frac{\square}{a}=-1$이므로 $a=\square$

04 일차부등식 $ax-1\geq -4$의 해가 $x\leq 1$일 때, 상수 a의 값을 구하시오.

유형 3 해가 같은 두 일차부등식이 주어질 때 미지수 구하기

❶ 미지수가 없는 부등식의 해를 구한다.

❷ ❶에서 구한 해가 나머지 부등식의 해와 같음을 이용하여 미지수의 값을 구한다.

Skill 해가 같은 두 부등식의 해가 각각 x>a, x>b이면 a=b로 놓자!

05 두 일차부등식

$$-2x+3\geq x-6,\ x+a\leq -1-3x$$

의 해가 서로 같을 때, 상수 a의 값을 구하시오.

(1) 부등식 $-2x+3\geq x-6$을 푸시오.

▶ $-2x+3\geq x-6$에서

$-3x\geq$ □

$\therefore x\leq$ □

(2) 부등식 $x+a\leq -1-3x$를 푸시오.

▶ $x+a\leq -1-3x$에서

$x+3x\leq -1-a$

□$x\leq -1-a$

$\therefore x\leq$ □

(3) 상수 a의 값을 구하시오.

▶ (1), (2)에서 두 부등식의 해가 같으므로

$x\leq$ □이고, $a=$ □이다.

06 두 일차부등식 $3x+a>15$, $\dfrac{x-1}{2}<\dfrac{4x+5}{5}$의 해가 서로 같을 때, 상수 a의 값을 구하시오.

(1) 부등식 $\dfrac{x-1}{2}<\dfrac{4x+5}{5}$를 푸시오.

(2) 부등식 $3x+a>15$를 푸시오.

(3) 상수 a의 값을 구하시오.

07 두 일차부등식 $x<5(x-4)$, $-7+ax>-2$의 해가 서로 같을 때, 상수 a의 값을 구하시오.

(1) 부등식 $x<5(x-4)$를 푸시오.

▶ $x<5(x-4)$에서

$x<5x-$ □

$-4x<$ □

$\therefore x>$ □

(2) 부등식 $-7+ax>-2$를 푸시오.

▶ $-7+ax>-2$에서 $ax>$ □이므로

$a>0$이면 $x>\dfrac{□}{a}$

$a<0$이면 $x<\dfrac{□}{a}$

(3) 상수 a의 값을 구하시오.

▶ (1), (2)에서 두 부등식의 해가 같으므로

$x>$ □이고, $a=$ □이다.

08 두 일차부등식 $2(x-1)>-3x$, $ax+4<2$의 해가 서로 같을 때, 상수 a의 값을 구하시오.

(1) 부등식 $2(x-1)>-3x$를 푸시오.

(2) 부등식 $ax+4<2$를 푸시오.

(3) 상수 a의 값을 구하시오.

ACT+ 41

필수 유형 훈련

스피드 정답 : 08쪽
친절한 풀이 : 37쪽

유형 1 어떤 수 구하기

구하려고 하는 수를 x로 놓고 식을 세운다. ➡ ❶ 차가 a인 두 정수 : x, $x+a$
❷ 연속하는 세 정수 : $x-1$, x, $x+1$
❸ 연속하는 세 홀수(짝수) : $x-2$, x, $x+2$

Skill

연속하는 세 정수는 x-2, x-1, x나 x, x+1, x+2로 놓아도 돼. 연속하는 세 수니까 크기가 1씩 차이나면 되지.
연속하는 세 홀수나 세 짝수는 크기가 2씩 차이나게 만드는 거야!

01 어떤 정수의 5배에서 3을 뺀 것은 그 정수의 2배에 4를 더한 것보다 크다. 어떤 정수 중 가장 작은 수를 구하시오.

(1) 어떤 정수를 x라고 할 때, 알맞은 부등식을 세우고 푸시오.

(2) (1)을 만족시키는 정수 중에서 가장 작은 수를 구하시오.

02 어떤 정수를 2배하여 3을 빼면 26보다 크다. 어떤 정수 중 가장 작은 수를 구하시오.

03 연속하는 두 홀수가 있다. 작은 수의 5배에서 8을 뺀 것은 큰 수의 2배보다 크다. 이때 합이 가장 작은 두 홀수를 구하시오.

(1) 작은 홀수를 x라고 할 때, 큰 홀수를 x를 이용하여 나타내시오.

(2) x에 관한 부등식을 세우고 푸시오.

(3) 합이 가장 작은 두 홀수를 구하시오.

04 연속하는 세 자연수의 합이 36보다 클 때, 합이 가장 작은 세 자연수를 구하시오.

유형 2 삼각형의 세 변의 길이

삼각형의 세 변의 길이가 주어졌을 때,
삼각형이 결정되는 조건
➡ (가장 긴 변의 길이)
< (나머지 두 변의 길이의 합)

Skill

꼭 확인하자.
삼각형의 가장 짧은 변의 길이는
항상 양수!

05 삼각형의 세 변의 길이가 x cm, $(x+2)$ cm, $(x+5)$ cm일 때, x의 값의 범위를 구하시오. (단, $x>0$)

(1) x에 관한 부등식을 세우시오.

▶ 삼각형의 가장 긴 변의 길이는 나머지 두 변의 길이의 합보다 짧아야 하므로

$$x+5 \bigcirc x+(x+2)$$

(2) x의 값의 범위를 구하시오.

06 삼각형의 세 변의 길이가 $(x-3)$ cm, $(x+1)$ cm, $(x+6)$ cm일 때, 다음 중 x의 값이 될 수 없는 것은? (단, $x>3$)

① 8 ② 9 ③ 10
④ 11 ⑤ 12

유형 3 도형의 넓이와 둘레

도형의 넓이(둘레) x가 a 이상일 때 ➡ $x \geq a$
도형의 넓이(둘레) x가 a 이하일 때 ➡ $x \leq a$

Skill

잊지말자!
도형에서 변의 길이는
항상 양수야.

07 아랫변의 길이가 5 cm이고, 높이가 3 cm인 사다리꼴의 넓이가 12 cm^2 이하이다. 윗변의 길이는 몇 cm 이하이어야 하는지 구하시오.

(1) 윗변의 길이를 x cm라고 할 때, x에 관한 부등식을 세우고 푸시오.

(2) 윗변의 길이는 몇 cm 이하이어야 하는지 구하시오.

08 세로의 길이가 6 cm인 직사각형의 둘레의 길이가 20 cm 이상일 때, 직사각형의 가로의 길이의 범위를 구하시오.

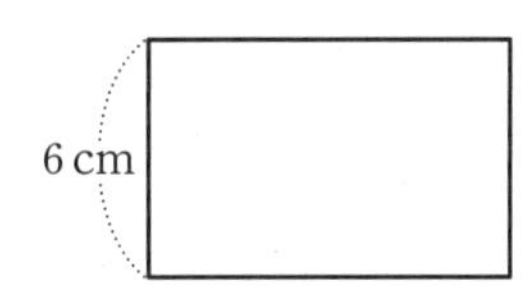

ACT+ 42

필수 유형 훈련

스피드 정답 : 09쪽
친절한 풀이 : 38쪽

유형 1 최대 개수 구하기

❶ 한 개에 a원인 물건 x개에 b원이 추가되면 $(ax+b)$원이다.
❷ 한 개에 a원인 물건 A와 한 개에 b원인 물건 B를 합하여 n개 살 때, A가 x개이면, B는 $(n-x)$개이고, 이때 가격은 $ax+b(n-x)$원이다.

01 한 개에 2500원인 사과를 3000원짜리 상자에 담아서 사려고 한다. 총금액이 20000원 이하가 되게 하려면 사과는 최대 몇 개까지 살 수 있는지 구하시오.

(1) 사과의 개수를 x개라고 할 때, 부등식을 세우고 푸시오.

(2) 사과는 최대 몇 개까지 살 수 있는지 구하시오.

02 한 개에 3 kg인 물건을 1 kg짜리 상자에 담아서 택배를 보내려고 한다. 총 무게가 15 kg 이하가 되게 하려면 물건을 최대 몇 개까지 담을 수 있는지 구하시오.

03 한 개에 500원인 우유와 한 개에 700원인 빵을 합하여 16개를 10000원 이하가 되게 사려고 한다. 이때 700원짜리 빵은 최대 몇 개까지 살 수 있는지 구하시오.

(1) 빵을 x개 산다고 할 때, 우유의 개수를 x를 이용하여 나타내시오.

(2) x에 관한 부등식을 세우고 푸시오.

(3) 살 수 있는 700원짜리 빵의 최대 개수를 구하시오.

04 한 개에 300원인 오이와 한 개에 600원인 가지를 합하여 20개를 11000원 이하가 되게 사려고 한다. 이때 600원짜리 가지는 최대 몇 개까지 살 수 있는지 구하시오.

유형 2 예금액 구하기

현재 예금액이 a원이고 매달 b원씩 예금할 때, x개월 후의 예금액은 $(bx+a)$원이다.

Skill 몇 개월인지를 미지수 x로 두자.

05 현재까지 형은 20000원, 동생은 30000원을 예금하였다. 형은 매월 3000원씩, 동생은 매월 2500원씩 예금한다면 형의 예금액이 동생의 예금액보다 많아지는 것은 몇 개월 후부터인지 구하시오.

(1) x개월 후부터 형의 예금액이 많아진다고 할 때, 부등식을 세우고 푸시오.

(2) 형의 예금액이 동생의 예금액보다 몇 개월 후부터 많아지는지 구하시오.

06 이달까지 지윤이가 예금한 금액은 모두 160000원이다. 다음 달부터 매달 7000원씩 예금한다면 몇 개월 후부터 지윤이의 예금액이 370000원을 넘게 되는지 구하시오.

유형 3 유리하게 선택하기

❶ 두 가지 방법에 대하여 각각의 비용을 구하는 식을 세운다.

❷ 두 식의 크기를 비교하는 부등식을 세운 후 계산한다.

Skill 총비용이 적게 들어야 유리한 선택이지! 부등식은 유리수로 표현되더라도 답은 양수일 때가 대부분이야.

07 동네 꽃집에서는 한 다발에 8000원인 장미가 도매 시장에서는 한 다발에 6500원이다. 도매 시장을 다녀오는데 드는 왕복 교통비가 5000원이라면 장미를 몇 다발 이상 살 때 도매 시장에 가서 사는 것이 유리한지 구하시오.

(1) x다발을 살 때, 동네 꽃집에서 구입하는 비용을 구하시오.

(2) x다발을 살 때, 도매 시장에서 구입하는 비용을 구하시오.

(3) (1), (2)를 이용하여 부등식을 세우고 푸시오.

(4) 몇 다발 이상일 때 도매 시장에서 사는 것이 유리한지 구하시오.

08 문구점에서는 공책 한 권의 가격이 1100원인데, 할인 매장에서는 700원이다. 할인 매장을 다녀오는데 드는 왕복 교통비가 2000원이라면 공책을 몇 권 이상 사야 할인 매장에서 사는 것이 유리한지 구하시오.

ACT+ 43

필수 유형 훈련

스피드 정답 : 09쪽
친절한 풀이 : 39쪽

유형 1 거리, 속력, 시간구하기

• 걸린 시간이 k시간이면 구하는 거리를 x로 둔다.

왕복: 시속 a km, 시속 b km, 거리 x km ➡ $\frac{x}{a}+\frac{x}{b}\le k$

속력 변화: 거리 x km (시속 a km), 거리 $(\mathrm{A}-x)$ km (시속 b km), 거리 A km

➡ $\frac{x}{a}+\frac{\mathrm{A}-x}{b}\le k$ (시간)$=\frac{(거리)}{(속력)}$

• 반대로 움직여 $k$km이상 떨어지면 걸린 시간을 x로 둔다.

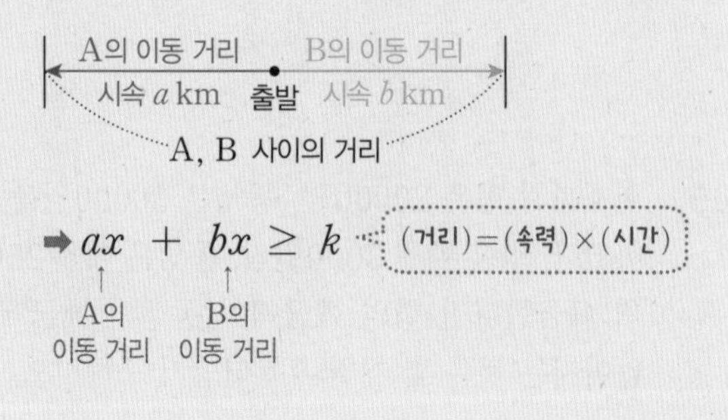

01 집에서 6 km 떨어진 도서관까지 가는데 처음에는 시속 2 km로 걷다가 도중에 시속 5 km로 뛰어서 1시간 30분 이내에 도착하였다. 시속 2 km로 걸은 거리는 최대 몇 km인지 구하시오.

(1) 시속 2 km로 걸어간 거리를 x km라고 할 때, 시속 2 km로 걸어간 시간과 시속 5 km로 뛰어간 시간을 각각 x를 이용하여 나타내시오.

(2) (1)을 이용하여 부등식을 세우고 푸시오.

(3) 시속 2 km로 걸어간 거리는 최대 몇 km인지 구하시오.

02 A에서 3 km 떨어진 B까지 가는데 처음에는 매분 100 m의 속력으로 걷다가 도중에 매분 300 m의 속력으로 뛰어서 15분 이내에 도착하였다. 이때 걸어간 거리는 최대 몇 m인지 구하시오.

03 형과 동생이 같은 지점에서 동시에 출발하여 형은 남쪽으로 매분 200 m의 속력으로, 동생은 북쪽으로 매분 250 m의 속력으로 달린다. 형과 동생이 4.5 km 이상 떨어지는 것은 출발한 지 몇 분 후부터인지 구하시오.

(1) 출발한 지 x분 후의 형과 동생의 이동거리를 각각 x를 이용하여 나타내시오.

(2) (1)을 이용하여 부등식을 세우고 푸시오.

(3) 형과 동생이 4.5 km 이상 떨어지는 것은 출발한 지 몇 분 후부터인지 구하시오.

04 산을 올라갈 때는 시속 2 km로, 내려올 때는 같은 길을 시속 3 km로 걸어서 왕복 3시간 이내로 다녀오려고 한다. 최대 몇 km까지 올라갔다 내려올 수 있는지 구하시오.

유형 2 소금물의 농도 구하기

• 두 소금물을 섞는 경우

a %의 소금물 x g과 b %의 소금물 y g을 섞은 소금물의 농도가 c % 이상이면

$$\frac{a}{100}\times x+\frac{b}{100}\times y\geq\frac{c}{100}\times(x+y)$$

• 물을 더 넣거나 증발시키는 경우

a %의 소금물 x g에 물 y g을 더 넣은 소금물의 농도가 c % 이상이면

$$\frac{a}{100}\times x\geq\frac{c}{100}\times(x+y)$$

Skill (소금물의 농도)$=\frac{(\text{소금의 양})}{(\text{소금물의 양})}\times100$(%), (소금의 양)$=\frac{(\text{농도})}{100}\times$(소금물의 양)

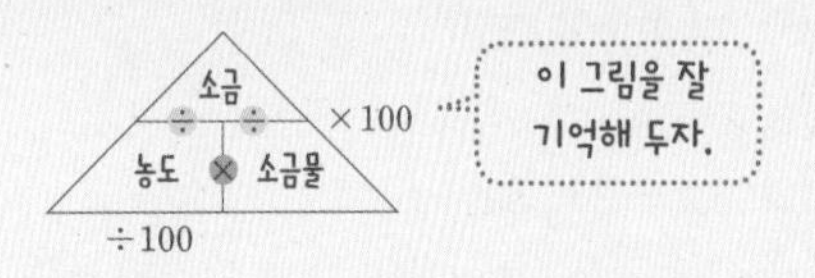

05 5 %의 소금물 300 g에 8 %의 소금물을 섞어서 농도가 7 % 이상인 소금물을 만들려고 한다. 8 %의 소금물을 최소 몇 g을 섞어야 하는지 구하시오.

(1) 5 %의 소금물 300 g에 들어 있는 소금의 양을 구하시오.

(2) 8 %의 소금물의 양을 x g이라고 할 때, 8 %의 소금물에 들어 있는 소금의 양을 x로 나타내시오.

(3) 7 %의 소금물의 양과 소금의 양을 x로 나타내시오.

(4) (1)~(3)을 이용하여 부등식을 세우고 푸시오.

(5) 8 %의 소금물은 최소 몇 g을 섞어야 하는지 구하시오.

06 10 %의 소금물 300 g에 물을 더 넣어 8 % 이하의 소금물을 만들려고 한다. 이때 물을 최소 몇 g 더 넣어야 하는지 구하시오.

(1) 10 %의 소금물 300 g에 들어 있는 소금의 양을 구하시오.

(2) 더 넣어야 하는 물의 양을 x g이라고 할 때, 8 %의 소금물에 들어 있는 소금의 양을 x로 나타내시오.

(3) (1), (2)를 이용하여 부등식을 세우고 푸시오.

(4) 물을 최소 몇 g 더 넣어야 하는지 구하시오.

07 6 %의 소금물과 9 %의 소금물을 섞어서 7 % 이상의 소금물 900 g을 만들려고 한다. 6 %의 소금물은 몇 g 이하로 넣어야 하는지 구하시오.

TEST 03

단원 평가

01 다음 중 부등식인 것은 ○표, 부등식이 아닌 것은 ×표를 하시오.

(1) $x(x+2)=0$ (　　)

(2) $5x-2<5x$ (　　)

(3) $2x-1$ (　　)

(4) $4<6$ (　　)

＊ 다음 문장을 부등식으로 나타내시오. (02 ~ 05)

02 x는 10보다 크다.

➡ ____________

03 x에 3을 더한 것의 2배는 x의 4배보다 작지 않다.

➡ ____________

04 무게가 1 kg인 상자에 무게가 0.2 kg인 우유 x개를 담으면 전체 무게가 3 kg 미만이다.

➡ ____________

05 가로의 길이가 5, 세로의 길이가 x인 직사각형의 넓이는 15를 넘지 않는다.

➡ ____________

＊ 다음 수 중 주어진 부등식의 해를 모두 구하시오. (06 ~ 08)

06 $3x+2<-3$ 　 [-2, -1, 0, 1, 2]

07 $x+6\geq 4x-3$ 　 [1, 2, 3, 4, 5]

08 $3x\leq 2(x-1)+5$ 　 [-1, 0, 1, 2, 3]

＊ 다음 ○ 안에 알맞은 부등호를 쓰시오. (09 ~ 12)

09 $a<b$일 때, $5a-7$ ○ $5b-7$

10 $a>b$일 때, $-\frac{a}{2}+7$ ○ $-\frac{b}{2}+7$

11 $-3a+1\geq -3b+1$일 때, a ○ b

12 $2a-4>2b-4$일 때, a ○ b

스피드 정답 : 09쪽
친절한 풀이 : 39쪽

＊ 점수 ＊

＊ 다음 일차부등식을 풀고, 그 해를 수직선 위에 나타내시오. (13~15)

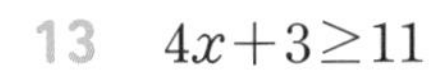

13 $4x+3\geq11$

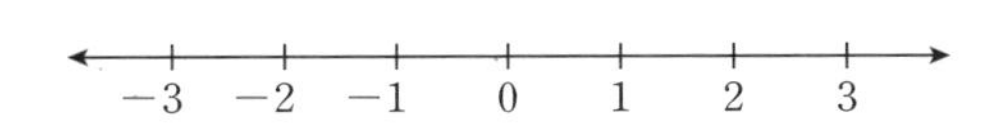

14 $-x-2\leq x-8$

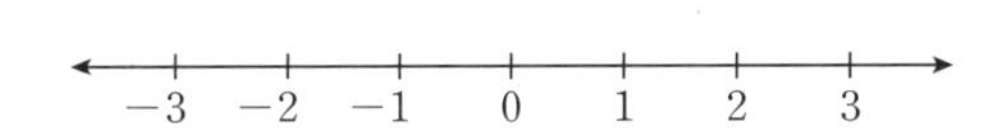

15 $2x+11>-3x+1$

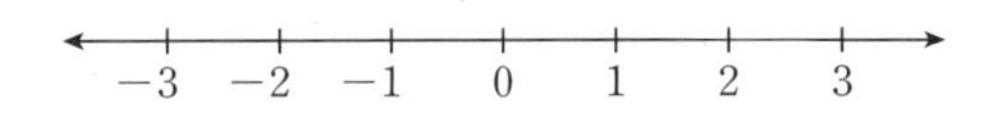

＊ 다음 일차부등식을 푸시오. (16~18)

16 $3x\leq2-2(x+6)$

17 $\frac{1}{2}x+0.9\geq\frac{4}{5}x-0.6$

18 $0.3x-0.2\left(x-\frac{3}{2}\right)<\frac{2}{5}$

19 연속하는 세 짝수가 있다. 가운데 수의 3배에서 5를 뺀 수는 나머지 두 수의 합보다 클 때, 합이 가장 작은 세 짝수를 구하시오.

(1) 가운데 수를 x라고 할 때, 나머지 두 짝수를 x를 이용하여 나타내시오.

(2) x에 관한 부등식을 세우고 푸시오.

(3) 합이 가장 작은 세 짝수를 구하시오.

20 밑변의 길이가 5 cm이고, 높이가 x cm인 삼각형의 넓이가 20 cm^2를 넘지 않을 때, 높이가 몇 cm 이하이어야 하는지 구하시오.

(1) x에 관한 부등식을 세우고 푸시오.

(2) 높이가 몇 cm 이하이어야 하는지 구하시오.

스도쿠 게임

＊ 게임 규칙

❶ 모든 가로줄, 세로줄에 각각 1에서 9까지의 숫자를 겹치지 않게 배열한다.

❷ 가로, 세로 3칸씩 이루어진 9칸의 격자 안에도 1에서 9까지의 숫자를 겹치지 않게 배열한다.

		1	2		4	7		
	4			8			5	
7		9	1		6	2		4
		3	5			9		
8	5		6		1		2	7
		6				4		
2		5	4		3	8		1
	3			1			9	
6		8	9		2	5		3

답

5	6	1	2	3	4	7	8	9
3	4	2	7	8	9	1	5	6
7	8	9	1	5	6	2	3	4
1	2	3	5	4	7	9	6	8
8	5	4	6	9	1	3	2	7
9	7	6	3	2	8	4	1	5
2	9	5	4	6	3	8	7	1
4	3	7	8	1	5	6	9	2
6	1	8	9	7	2	5	4	3

연산을 잡아야 수학이 쉬워진다!

기적의 중학연산

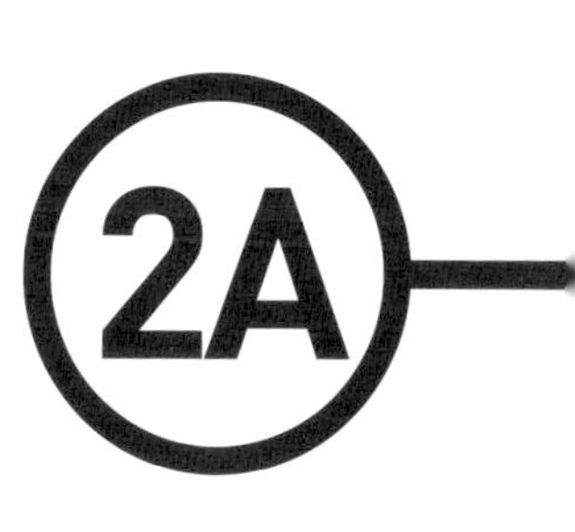

| 스피드 정답 | 01~09쪽

각 문제의 정답만을 모아서 빠르게 정답을 확인할 수 있습니다.

| 친절한 풀이 | 10~40쪽

틀리기 쉽거나 헷갈리는 문제들의 풀이 과정을 친절하고 자세하게 실었습니다.

Chapter Ⅰ 유리수와 순환소수

ACT 01
014~015쪽

01 ㉠
02 ㉡
03 ㉠
04 ㉡
05 ㉠
06 ㉡
07 3, 10
08 2
09 0
10 7
11 5
12 유한
13 무한
14 유
15 무
16 무
17 유
18 무
19 9, 5, 1.8 / 유한
20 7, 3, 2.333⋯ / 무한
21 20, 9, 2.222⋯ / 무한
22 27, 20, 1.35 / 유한
23 11, 50, 0.22 / 유한
24 ②, ⑤

ACT 02
016~017쪽

01 ○
02 ×
03 ×
04 ○
05 ○
06 ×
07 2, 2 / 6 / 0.6
08 5 / 5, 5, 5 / 35, 0.35
09 2 / 2, 2, 2 / 18, 0.18
10 5^3, 5^3 / 125, 0.125
11 1, 4 / 2 / 있다
12 9, 10 / 2, 5 / 있다
13 1, 3 / 3 / 없다
14 1, 13 / 13 / 없다
15 1, 6 / 2, 3 / 없다
16 2, 5 / 5 / 있다
17 유한
18 무한
19 유한
20 유한
21 무한
22 ②, ⑤

ACT 03
018~019쪽

01 ×
02 ×
03 ×
04 ○
05 ×
06 ○
07 7
08 2
09 54
10 135
11 123
12 865
13 $0.\dot{2}$
14 $1.2\dot{3}$
15 $3.\dot{3}\dot{6}$
16 $2.2\dot{7}\dot{6}$
17 $1.\dot{2}1\dot{6}$
18 $5.\dot{3}64\dot{2}$
19 $6.63\dot{3}9\dot{5}$
20 $0.1\dot{6}$, 6 / 0.166666⋯ / 6 / $0.1\dot{6}$
21 $0.\dot{2}$
22 $0.4\dot{6}$
23 $0.6\dot{1}$
24 ②

ACT 04
020~021쪽

01 10 / 6, $\frac{2}{3}$
02 100, 100 / 100, 99 / $\frac{5}{33}$
03 100, 100, 157.575757⋯ / 100, 157.575757⋯, 156 / $\frac{52}{33}$
04 1000, 1000 / 1000, 999 / $\frac{16}{999}$
05 $\frac{4}{9}$
06 $\frac{8}{9}$
07 $\frac{4}{3}$
08 $\frac{25}{99}$
09 $\frac{266}{99}$
10 $\frac{356}{99}$
11 $\frac{304}{999}$
12 $\frac{1123}{999}$
13 $\frac{47}{999}$
14 $\frac{1067}{999}$
15 ④

ACT 05
022~023쪽

01 10, 10 / 100, 100 / 90 / $\frac{13}{90}$
02 10, 10 / 100, 100 / 100, 10, 90 / $\frac{191}{90}$
03 10, 0.626262⋯ / 1000, 62.626262⋯ / 1000, 10, 990, 62 / $\frac{31}{495}$
04 10, 10 / 1000, 1000 / 1000, 10, 990, 229 / $\frac{229}{990}$
05 $\frac{1}{30}$
06 $\frac{1}{18}$
07 $\frac{59}{90}$
08 $\frac{71}{30}$
09 $\frac{11}{900}$
10 $\frac{229}{225}$
11 $\frac{4877}{900}$
12 $\frac{301}{990}$
13 $\frac{3589}{990}$
14 ③

ACT 06 024~025쪽

01 9
02 99
03 1, 99 / $\frac{157}{99}$
04 83, 8, 90 / $\frac{5}{6}$
05 195, 19, 90 / $\frac{88}{45}$
06 412, 4, 990 / $\frac{68}{165}$
07 $\frac{5}{9}$
08 $\frac{28}{9}$
09 $\frac{7}{33}$
10 $\frac{155}{99}$
11 $\frac{304}{999}$
12 $\frac{1030}{999}$
13 $\frac{1}{6}$
14 $\frac{16}{45}$
15 $\frac{13}{165}$
16 $\frac{2113}{990}$
17 $\frac{167}{450}$
18 ④

ACT 07 026~027쪽

01 0.399999… (○)
0.3959595…( )
02 0.44444… ( )
0.484848…(○)
03 1.14777… (○)
1.147147…( )
04 5.55555…( )
5.55656…(○)
05 <
06 >
07 <
08 >
09 <
10 9 / 50, 99 / 99 / 55, 99 / 99 / >
11 8, 90 / 81, 990 / 990 / 88, 990 / 81, 990 / >
12 133, 99 / 121, 90 / 990 / 1330, 990 / 1331, 990 / <
13 31, 9 / 3383, 990 / 990 / 3410, 990 / 3383, 990 / >
14 <
15 >
16 >
17 <
18 <
19 ㉠, ㉡, ㉢, ㉣

ACT+ 08 028~029쪽

01 (1) ○ (2) ○ (3) × (4) × (5) ○ (6) ○ (7) ×
02 ②
03 (1) 7, 7 (2) 3, 0, 3 / 2, 0
04 (1) $0.\dot{2}\dot{7}$ (2) 7
05 (1) 3 (2) 21 (3) 9
06 (1) 7 (2) 21 (3) 7
07 ①, ③
08 ②
09 ③

TEST 01 030~031쪽

01 ④
02 $0.\dot{6}$
03 $1.8\dot{3}$
04 $0.\dot{7}$
05 $0.41\dot{6}$
06 $0.2\dot{7}$
07 ④
08 $\frac{8}{9}$
09 $\frac{4}{3}$
10 $\frac{14}{11}$
11 $\frac{61}{45}$
12 $\frac{115}{111}$
13 ㉠, ㉡, ㉢
14 ㉡, ㉠, ㉢
15 ㉢, ㉡, ㉣, ㉠
16 ㉢, ㉠, ㉤, ㉡, ㉣
17 (1) $0.\dot{3}\dot{6}$ (2) 6
18 (1) $0.\dot{1}8\dot{5}$ (2) 8
19 9
20 3
21 11

Chapter Ⅱ 식의 계산

ACT 09 036~037쪽

01 5
02 4
03 7
04 3
05 6
06 4
07 2, 3, 5
08 4, 2, 6
09 2, 3, 5
10 1, 4, 5
11 1, 2, 1, 2 / 3, 3
12 7, 2, 9
13 a^8
14 x^9
15 y^8
16 3^7
17 5^{15}
18 z^6
19 1, 5, 8
20 x^{10}
21 3^9
22 x^7y^7
23 $2^8\times3^4$
24 ③

ACT 10
038~039쪽

01 4, 8
02 3, 12
03 2, 6
04 3, 6
05 5, 20
06 7, 21
07 3^{10}
08 2^{12}
09 a^{20}
10 b^{21}
11 x^{30}
12 y^{12}
13 8, 8, 23
14 10, 10, 22
15 6, 15 / 6, 15, 29
16 8, 8 / 8, 8, 20, 17
17 5, 10, 10 / 40
18 3, 6, 6, 30
19 3^{9}
20 7^{34}
21 $x^{18}y^{10}$
22 $x^{10}y^{13}$
23 a^{12}
24 b^{36}
25 ⑤

ACT 11
040~041쪽

01 2
02 4, 2
03 1
04 1
05 2
06 2, $\frac{1}{2^2}$
07 2, 4
08 3^2
09 5^3
10 b^3
11 x^5
12 y^4
13 1
14 1
15 $\frac{1}{5^4}$
16 $\frac{1}{7^3}$
17 $\frac{1}{x}$
18 5, 3
19 $\frac{1}{x^4}$
20 y^2
21 1
22 2^8
23 3
24 x
25 y^2
26 ④

ACT 12
042~043쪽

01 3, 3
02 3, 3, 3, 3
03 12, 8
04 4, 4 / 12, 8
05 4, 3, 16, 12
06 $81b^8$
07 $16x^{28}$
08 $64y^{18}$
09 $8a^6b^9$
10 $25x^8y^{10}$
11 4, 4 / 8, 81
12 $\frac{b^3}{64}$
13 $\frac{16}{x^8}$
14 $\frac{y^{10}}{64}$
15 $\frac{b^{15}}{a^{20}}$
16 $\frac{b^3}{27a^{12}}$
17 $\frac{81y^{12}}{x^{20}}$
18 3, 3, 3, 6, 3
19 $16a^{20}b^{12}$
20 $-27x^3y^6$
21 2 / $\frac{16}{a^6}$
22 $-\frac{b^6}{27}$
23 $\frac{16x^6}{y^{10}}$
24 ③

ACT 13
044~045쪽

01 a^{10}
02 x^{12}
03 a^7b^3
04 2^{15}
05 a^8b^6
06 a^{60}
07 2^7
08 1
09 x^3
10 y^5
11 $125a^{12}b^9$
12 $\frac{y^{10}}{x^6}$
13 a^4b^8
14 $-8x^9y^6$
15 $-\frac{b^{15}}{a^3}$
16 $\frac{81x^4}{y^8}$
17 $\frac{y^{14}}{25x^8}$
18 $2^4\times2^6=2^{10}$
19 $(a^3b^2)^3=a^9b^6$
20 $x^3\div x^6=\frac{1}{x^3}$
21 $a^2\times b\times b^5=a^2b^6$
22 $\left(-\frac{a^3}{5}\right)^2=\frac{a^6}{25}$
23 ②, ⑤

ACT+ 14
046~047쪽

01 5
02 5
03 7
04 4
05 8
06 3
07 2
08 3
09 3
10 2
11 2
12 8
13 3
14 2
15 (1) 2, 2
(2) 3, 2, 3, 3
(3) 6, 3, 3
(4) 16, 8, 8, 8, 2
16 (1) B^3 (2) B^2
(3) B^2 (4) B^4
17 4
18 6
19 5
20 5, 3
21 3, 3, 13
22 4, 8
23 4, 4 / 5, 10

ACT 15
050~051쪽

01 $20a^2b$
02 $2ab^2$
03 $-21a^2b^2$
04 $-4x^2y^3$
05 $-6x^2y^2$
06 $2x^3y^3$
07 $-6a^4b^3$
08 $8a^3b^4$
09 $-5x^5y^5$
10 $6x^4y^4$
11 $-7a^3bc^3$
12 $-\frac{1}{6}x^3y^2$
13 $3a^2b^3$
14 $16a^4b^5$
15 $64x^8y^5$
16 $8x^{10}y^{15}$
17 $27a^{12}b^8$
18 $-\frac{8b^6}{a^3}$
19 $-\frac{x^2}{y}$
20 $\frac{9y}{x^2}$
21 $12a^4b^4$
22 $10a^9b^6$
23 $162a^{11}b^{11}$
24 $9a^4$
25 $-\frac{32y^2}{x^4}$
26 ①

ACT 16
052~053쪽

01 $3a$
02 $-\frac{x^2}{5y}$
03 $-\frac{3b}{a^2}$
04 $\frac{1}{a^2b}$
05 $\frac{27x^3y}{2}$
06 $-\frac{1}{2x^4y^3}$
07 $-2a$
08 $2b$
09 $2b$, $-4a$
10 $3a^3b^7$, $\frac{2a}{b^3}$
11 $14y^2$, $4y^6$
12 $9x^2y^2$ / $9x^2y^2$, $\frac{4y}{3}$
13 $-2x^3y$
14 $16a^8b^6$
15 $12ab^6$
16 $\frac{8a^2}{3b^5}$
17 $\frac{24x^3}{y^2}$
18 $\frac{x^7y^2}{4}$
19 $3a$
20 $\frac{4b}{a^2}$
21 $2x$
22 $2x^2$
23 ④

ACT 17
054~055쪽

01 $4y^4$ / $4y^4$ / $\frac{1}{4}$ / $\frac{1}{y^4}$ / $\frac{9x}{4y^4}$
02 $6xy^3$ / $6x^3$
03 $81x^2y^4$ / $81x^2y^4$ / $\frac{16x^3}{9y}$
04 $-27b^3$ / $27b^3$ / $-3a^6b$
05 $4xy^2$
06 $-20ab$
07 $4x^5y^3$
08 $2x^2y^3$
09 $-\frac{ab}{2}$
10 $\frac{3x^4y^3}{2}$
11 $-\frac{5b^2}{a^2}$
12 $-\frac{a^6b}{16}$
13 $2a^5b^6$
14 $\frac{2y^3}{x^3}$
15 $-\frac{2y}{x}$
16 ①

ACT+ 18
056~057쪽

01 $-3a^3b^2$
02 $4x^3y^4$
03 $4a^3b^3$
04 $\frac{3x^5}{4y^2}$
05 $2a^2b^2$
06 $-32a^6b^8$
07 $-5a^3b^4$
08 $\frac{3}{8x^2y}$
09 $8ab^2$ / $16a^3b^3$
10 $18a^4b^4$
11 $4ab^2$
12 $5ab^3$ / $240a^3b^4$
13 πa^4b^5
14 $12\pi a^3b$

ACT 19
060~061쪽

01 $5a-b$
02 $2x-2y$
03 $3a+7b$
04 $-3x-6y$
05 $3a+3b$
06 $-2x-3y$
07 $3a-4b-2$
08 $5x+6$
09 $a-5b-3$
10 $x+3y-3$
11 $-a+3b+5$
12 $4x-2y-4$
13 9, 6 / 13, 4
14 $-2x-5y$
15 $a+14b$
16 $x+11y$
17 $-3a-b$
18 $8a-9b+1$
19 $\frac{5}{6}a+\frac{3}{20}b$
20 $\frac{9}{4}x-2y$
21 3, 2 / 6, 4 / 4, 7 / $\frac{2}{3}$, $\frac{7}{6}$
22 $-\frac{5}{12}a+\frac{11}{12}b$
23 $\frac{17}{10}x-\frac{3}{10}y$
24 1

ACT 20
062~063쪽

01 ×
02 ○
03 ×
04 ×
05 ○
06 ○
07 $3x^2-2x-2$
08 $4x^2+2x-1$
09 $-2x^2+3$
10 x^2+4x+1
11 x^2+3x-3
12 $2x^2-5x+1$
13 $-x^2+11x+12$
14 x^2+3
15 $9x^2-14x+4$
16 $-x^2-2$
17 $-2x^2+x-4$
18 $2x^2+7x$
19 $2x^2-9x+5$
20 $4x^2+6x+7$
21 2, 3 / 7, 14, 3
22 $\frac{13x^2-14x+26}{15}$
23 $\frac{13x^2-7x-2}{12}$
24 $\frac{-4x^2+5x+6}{12}$
25 ③

ACT 21
064~065쪽

01 $-2, 3 / 2, 3 / 3, 3$
02 $3, 13 / 3, 13 / -2, 13$
03 $5, 2 / 5, 4 / 5, 4 / -2, 6 / 2, 6 / 4, 6$
04 $7, 10 / -7, 2 / 7, 2 / 10, 4 / 20, 8 / -10, 8$
05 $4x$
06 $4a+3b$
07 $-10x-3y$
08 $-36a+24b$
09 $3x+6y$
10 $4x^2+2x+1$
11 $6x^2-x-5$
12 $1, -21$
13 $1, 1$
14 $2, -7$
15 $-10, 0$
16 ③

ACT 22
066~067쪽

01 $a, 5b / 3a^2+15ab$
02 $6x^2-2x$
03 $12a-8a^2$
04 $18x^2-12xy$
05 $10a^2+15ab$
06 $4a, 2b / 12a^2+6ab$
07 $3x^2-6x$
08 $5a^2+20a$
09 $9x^2-6xy$
10 $-2a^2-6ab$
11 $5a^2-2ab$
12 $3a^2-ab+a$
13 $-8x^2+6xy-2x$
14 $10ab-15b^2$
15 $-4x^2+8xy$
16 $-9xy+15y^2+3y$
17 $-6x^2+4xy-\frac{2}{3}x$
18 $-2x^3+14x^2-2x$
19 $-24a+20a^2-4a^3$
20 $\frac{3}{2}x^3-6x^2+3x$
21 $-10a^3+2a^2-24a$
22 $-12x^3-8x^2+\frac{4}{3}x$
23 ③

ACT 23
068~069쪽

01 $3a / 3a, a-2$
02 $3y-2$
03 $-x-3$
04 $6x-4$
05 $b+3a$
06 $-2x+3y^2$
07 $4xy+2x^2$
08 $2a-1$
09 $2x-y+3$
10 $2 / 2, 2 / 4a-2b$
11 $32x-16$
12 $-9a+45$
13 $15a-25$
14 $15ab-9b$
15 $7x^2+35x-21$
16 $-15xy+6y-9$
17 $8b / 2a^2+4$
18 $4-2x$
19 $3a-4b$
20 $4x^2-3x$
21 ③

ACT 24
070~071쪽

01 $2a^2+5a$
02 $4x^2-x$
03 $2a^2+8a$
04 $3x^2y+10xy^2+x^2y^2$
05 $-a^2+7a$
06 $-3a+1$
07 $10x+1$
08 $4b-3$
09 $-\frac{a}{2}-\frac{1}{6}$
10 $3x-8y$
11 $2xy / 2y / 9x^3y-6x^2y$
12 $-6a^2b+15a^2$
13 $12xy^2-8y^3$
14 $-2x^2+9x-3$
15 $-a^2b-3ab^2$
16 $10x^2-2xy-4x$
17 $-\frac{8}{3}x-\frac{2}{3}xy+2$
18 $-5xy+y$
19 $-2x^2-11x+9xy$
20 $7a^2-3a^3$
21 -3

ACT 25
072~073쪽

01 3
02 1
03 1
04 5
05 1
06 5
07 -7
08 2
09 0
10 $\frac{5}{6}$
11 -5
12 2
13 120
14 54
15 -3
16 1
17 56
18 -10
19 -1
20 $-\frac{57}{2}$
21 0
22 ⑤

ACT 26
074~075쪽

01 $3, 9 / -x-2$
02 $-x+4$
03 $4x+4$
04 $3x^2+15x$
05 x^2-x-3
06 $2a-3$
07 $-7a+18$
08 $3a^2-6a$
09 $9a-11$
10 $8a-10$
11 $6, 1 / -9x+4$
12 $13x-5$
13 $x-2$
14 $8x-2$
15 $-2x+y$
16 $9x-5y$
17 $-7x+4y$
18 $7x-7y$
19 $-14y$
20 $14x$
21 $-x+4y$
22 ④

ACT 27 076~077쪽

- 01 $4y+8$ / $2y+4$
- 02 $x=2y+\frac{4}{5}$
- 03 $x=-\frac{3}{5}y$
- 04 $x=2y+\frac{5}{2}$
- 05 $-2x+2$ / $x-1$
- 06 $y=4x+3$
- 07 $y=\frac{1}{3}x-\frac{7}{3}$
- 08 $y=-x+1$
- 09 $\frac{1}{2}$, $\frac{1}{2}$ / 2, 1
- 10 2, 8 / $\frac{1}{2}$, 4
- 11 $\frac{1}{2}$, 2 / 2, 4
- 12 $\frac{3}{4}$, $\frac{7}{4}$ / $\frac{4}{3}$, $\frac{7}{3}$
- 13 $\frac{1}{3}$, $\frac{25}{3}$ / 3, 25
- 14 $\frac{l}{2\pi}$
- 15 $\frac{V}{\pi r^2}$
- 16 $\frac{3V}{h}$
- 17 $\frac{2S}{l}$
- 18 vt
- 19 $\frac{F}{a}$

ACT+ 28 078~079쪽

- 01 $2x^2-3x+1$ / $-3x^2-x+4$
- 02 $3x-2y+2$ / $-5x+6y-9$
- 03 $\frac{3}{xy}$ / $\frac{xy}{3}$ / $\frac{xy}{3}$, $\frac{xy}{3}$, $\frac{xy}{3}$ / $-2x^2y+4xy^3+3$
- 04 $7a-6b$
- 05 xy^2-3y
- 06 $3a^3-6a^2b$
- 07 $20x^2y^3+12x^3y^3$ / $20x^2y^3+12x^3y^3$ / $40x^3y^4+24x^4y^4$
- 08 $2x+1$ / $2x+1$ / $2x+1$ / $-3x-6$
- 09 $-12a-32$
- 10 $9x-24$
- 11 $3a$, $2b$ / $\frac{3}{2}$ / $\frac{3}{2}a$, $9a$
- 12 $4x-1$
- 13 $-20y-12$

ACT+ 29 080~081쪽

- 01 $4a$ / $6a^2+4ab$
- 02 $5x^2-xy$
- 03 $5a^2b-ab^2$
- 04 $a-2b$ / $6a^3b-12a^2b^2$
- 05 $(18a^3+27a^2b)\pi$
- 06 $\frac{4x^3+4x^2y}{3}\pi$
- 07 $2a+1$
- 08 $4b$
- 09 $3a-b$
- 10 (1) $3x$, $12xy^2$ (2) xy, xy^2-x^2y (3) $12xy^2$, xy^2-x^2y, $11xy^2+x^2y$
- 11 (1) $6ab$ (2) $\frac{7}{2}ab$ (3) $\frac{5}{2}ab$

TEST 02 082~083쪽

- 01 a^6b^6
- 02 x^{24}
- 03 $6a^8b^7$
- 04 $2xy^4$
- 05 $-2a^2+6a$
- 06 $4x^2-4x$
- 07 ③
- 08 $\frac{1}{3}x^2y$
- 09 $4x^8y^5$
- 10 $3xy^2$
- 11 ②, ③
- 12 ④
- 13 $-3x+8$, 14
- 14 $-4x+13$, 21
- 15 $-3x+1$, 7
- 16 $-3x-6$, 0
- 17 (1) $S=5ab-3b$ (2) $a=\frac{S+3b}{5b}$
- 18 (1) $S=2ab+2a$ (2) $b=\frac{S-2a}{2a}$
- 19 $3x+11y-3$
- 20 $-5x-xy$

Chapter Ⅲ 일차부등식

ACT 30 088~089쪽

- 01 ×
- 02 ○
- 03 ○
- 04 ×
- 05 ×
- 06 ○
- 07 $<$
- 08 $>$
- 09 $\geq$
- 10 $\leq$
- 11 $\geq$
- 12 $\geq$
- 13 $\leq$
- 14 $k-3\geq 2k$
- 15 $3b-4<12$
- 16 $25-a\geq 10$
- 17 $2y+5\leq 4y-3$
- 18 $4x-3\geq 3(x+5)$
- 19 $2x-1>3x+7$
- 20 $x^2\leq 25$
- 21 $a\geq 110$
- 22 $10x\leq 300$
- 23 $8\leq 4z\leq 12$
- 24 ④

ACT 31
090~091쪽

01 $2\times(-1)+3=1$, $<$, 참
$2\times0+3=3$, $<$, 참
$2\times1+3=5$, $=$, 거짓
$2\times2+3=7$, $>$, 거짓
해 : -2, -1, 0

02 $7-2\times(-1)=9$, $>$, 거짓
$7-2\times0=7$, $<$, 참
$7-2\times1=5$, $<$, 참
$7-2\times2=3$, $<$, 참
해 : 0, 1, 2

03 $2\times1+1=3$, $=$, $1+2=3$, 참
$2\times2+1=5$, $>$, $2+2=4$, 참
$2\times3+1=7$, $>$, $3+2=5$, 참
$2\times4+1=9$, $>$, $4+2=6$, 참
해 : 1, 2, 3, 4

04 $5\times1-3=2$, $<$, $3\times1=3$, 참
$5\times2-3=7$, $>$, $3\times2=6$, 거짓
$5\times3-3=12$, $>$, $3\times3=9$, 거짓
$5\times4-3=17$, $>$, $3\times4=12$, 거짓
해 : 0, 1

05 × / -1, $<$, 해가 아니다

06 ○
07 ○
08 ○
09 ×
10 ○
11 -1, 0, 1
12 -2, -1, 0, 1, 2
13 1, 2
14 2, 3
15 -1, 0, 1
16 ①

ACT 32
092~093쪽

01 $>$ / 8, 6
02 $>$ / 4, 2
03 $>$ / 12, 8
04 $<$ / -12, -8
05 -3, $<$, -2
06 $>$
07 $>$
08 $>$
09 $>$
10 $<$
11 $<$
12 $\le$
13 $\le$
14 $\le$
15 $\ge$
16 $\le$
17 $\le$
18 $\ge$
19 $\ge$
20 $>$
21 $\le$
22 $>$
23 $\le$
24 $<$
25 $\ge$
26 ③

ACT+ 33
094~095쪽

01 -2 / -2, -2, -2 / -3, 1
02 5 / 5, 5, 5 / -5, 15
03 -5, -5, -5 / 7, -13 / -13, 7
04 $-6\le3x<3$
05 $-3<-3x\le6$
06 $-10\le3x-4<-1$
07 $2<-3x+5\le11$
08 $-\frac{1}{2}\le\frac{1+x}{2}<1$
09 $0<\frac{1-x}{2}\le\frac{3}{2}$
10 5, 5 / 5
11 -4, -4 / -3
12 $x\ge1$
13 $x>-11$
14 3, 3, 3 / 2, 5
15 $-2\le x<1$
16 $0\le x\le4$
17 $-1<x<2$
18 $-4<x<1$

ACT 34
098~099쪽

01 $+$ / $+$
02 $3x<6-4$
03 $7x-5x\ge-4$
04 $2\le3x+x$
05 $3x>1+5$
06 $5x+2x\ge4+3$
07 ○
08 ×
09 ×
10 ○
11 ×
12 ○
13 $-$ / 2
14 $-$, -2 / 2, -1
15 $x\le2$
16 $x\le3$
17 $x>-3$
18 $x<2$
19 $x\le4$
20 $x<3$
21 $x\le-2$
22 $x\ge2$
23 ①

ACT 35
100~101쪽

01 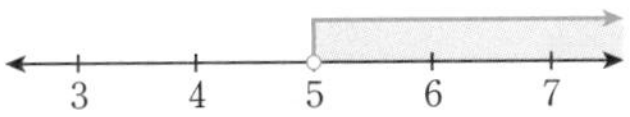
02 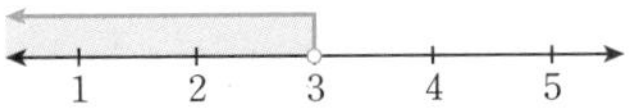
03 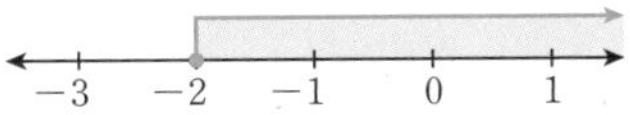
04 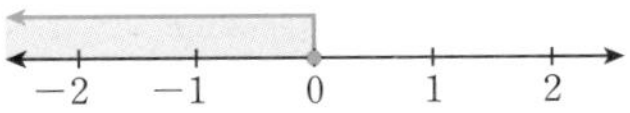
05 $x<-3$
06 $x>2$
07 $x\le4$
08 $x\ge-1$
09 $x>-1$ / -1
10 $x\ge2$ / 2
11 $x>1$ / 1
12 $x\ge2$ / 2
13 $x\le-1$ / -1
14 $x<3$
15 $x\le1$ 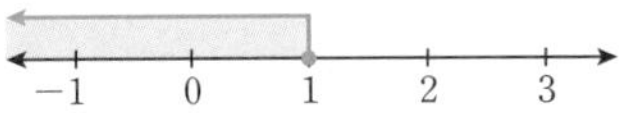
16 $x\ge4$ 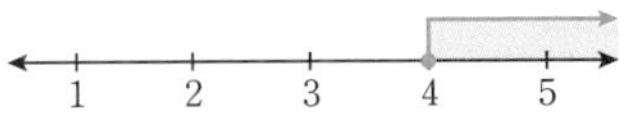
17 $x<2$
18 ③

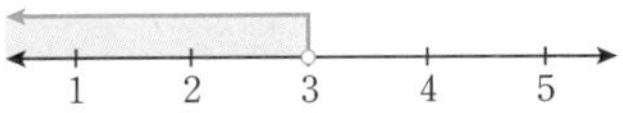

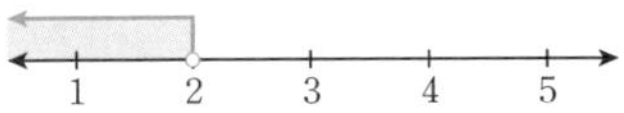

ACT 36
102~103쪽

01 12 / -12 / -3 / 4
02 $x\ge2$
03 $x>1$
04 $x\le-1$
05 2, 4 / x, 1 / -5
06 $x\le1$
07 $x\ge2$
08 $x>3$
09 $x\ge-\frac{5}{3}$
10 $x\ge1$
11 $x<2$
12 $x\le3$
13 $x\ge0$
14 $x>-2$
15 $x<5$
2 3 4 5 6
16 $x<-3$
-5 -4 -3 -2 -1
17 $x\ge2$
1 2 3 4 5
18 $x\ge3$
1 2 3 4 5
19 ②

ACT 37
104~105쪽

01 10, 8 / 8 / 2, 4
02 $x\ge2$
03 $x<-2$
04 $x\ge2$
05 100 / 18 / -16 / 8, -2
06 $x\le-1$
07 $x\ge-1$
08 $x<2$
09 $x\ge7$
10 $x\ge1$
11 $x>3$
12 $x<4$
13 $x<6$
14 $x\ge5$
15 $x<0$
16 $x>2$
17 $x\le20$
18 $x\ge\frac{1}{2}$
19 ③

ACT 38
106~107쪽

01 2, 4 / 6 / 3, 2
02 6, x / -3 / -3, 2
03 $x<6$
04 $x>4$
05 6 / 3, 2 / 5 / 5, 1
06 12 / 6 / 10 / 5, 2
07 $x\ge-3$
08 $x\le1$
09 $x>2$
10 $x\le-2$
11 $x\ge-1$
12 $x>7$
13 $x\le-3$
14 $x\le1$
15 6 / 6 / 8, 6 / 2
16 $x<-4$
17 $x>4$
18 $x\ge-7$
19 ④

ACT 39
108~109쪽

01 $x>4$
02 $x>1$
03 $x\le-4$
04 $x\le-3$
05 $x\le7$
06 $x>-2$
07 $x\le6$
08 $x>2$
09 $x<-1$
10 $x>-4$
11 $x\ge5$
12 $x\le-1$
13 $x<6$
14 $x\le1$
15 $x<2$
16 $x<4$
17 10 / 20 / 30 / 2, 15
18 $x\ge2$
19 $x<-3$
20 $x<5$
21 ④

ACT+40
110~111쪽

01 (1) 4, 4 (2) 4, 4
02 $x\ge\frac{1}{a}$
03 (1) 3 / $a>0$ / 3 / 3, 3
(2) 3 / $a<0$ / 3 / 3, -3
04 -3
05 (1) -9, 3
(2) 4, $\frac{-1-a}{4}$
(3) 3, -13
06 (1) $x>-5$
(2) $x>\frac{15-a}{3}$
(3) 30
07 (1) 20, -20, 5
(2) 5, 5, 5
(3) 5, 1
08 (1) $x>\frac{2}{5}$
(2) $a>0$이면 $x<-\frac{2}{a}$
$a<0$이면 $x>-\frac{2}{a}$
(3) -5

ACT+41
112~113쪽

01 (1) $5x-3>2x+4$, $x>\frac{7}{3}$
(2) 3
02 15
03 (1) $x+2$
(2) $5x-8>2(x+2)$, $x>4$
(3) 5, 7
04 12, 13, 14
05 (1) < (2) $x>3$
06 ①
07 (1) $\frac{3}{2}(5+x)\le12$, $x\le3$
(2) 3 cm
08 4 cm 이상

ACT+42
114~115쪽

01 (1) $2500x+3000\le 20000$,
$x\le \frac{34}{5}$
(2) 6개

02 4개

03 (1) $16-x$
(2) $500(16-x)+700x\le 10000$,
$x\le 10$
(3) 10개

04 16개

05 (1) $20000+3000x>30000+2500x$,
$x>20$
(2) 21개월

06 31개월

07 (1) $8000x$
(2) $6500x+5000$
(3) $8000x>6500x+5000$,
$x>\frac{10}{3}$
(4) 4다발

08 6권

ACT+ 43
116~117쪽

01 (1) (시속 2 km로 걸어간 시간)$=\frac{x}{2}$
(시속 5 km로 뛰어간 시간)$=\frac{6-x}{5}$
(2) $\frac{x}{2}+\frac{6-x}{5}\le \frac{3}{2}$,
$x\le 1$
(3) 1 km

02 750 m

03 (1) (형의 이동거리)$=200x$
(동생의 이동거리)$=250x$
(2) $200x+250x\ge 4500$,
$x\ge 10$
(3) 10분

04 $\frac{18}{5}$ km

05 (1) 15 g
(2) $\frac{8}{100}x$ g
(3) $(300+x)$ g, $\frac{7}{100}(300+x)$ g
(4) $15+\frac{8}{100}x\ge \frac{7}{100}(300+x)$,
$x\ge 600$
(5) 600 g

06 (1) 30 g
(2) $\frac{8}{100}(300+x)$ g
(3) $30\le \frac{8}{100}(300+x)$,
$x\ge 75$
(4) 75 g

07 600g

TEST 03
118~119쪽

01 (1) × (2) ○
(3) × (4) ○

02 $x>10$

03 $2(x+3)\ge 4x$

04 $1+0.2x<3$

05 $5x\le 15$

06 -2

07 1, 2, 3

08 -1, 0, 1, 2, 3

09 $<$

10 $<$

11 $\le$

12 $>$

13 $x\ge 2$
−3 −2 −1 0 1 2 3

14 $x\ge 3$
−3 −2 −1 0 1 2 3

15 $x>-2$
−3 −2 −1 0 1 2 3

16 $x\le -2$

17 $x\le 5$

18 $x<1$

19 (1) $x-2$, $x+2$
(2) $3x-5>x-2+x+2$,
$x>5$
(3) 4, 6, 8

20 (1) $\frac{1}{2}\times 5\times x\le 20$,
$x\le 8$
(2) 8 cm

Chapter Ⅰ 유리수와 순환소수

ACT 01 014~015쪽

05 $\frac{15}{5}=3$이므로 정수이다.

24 ④ $\frac{6}{3}=2$이므로 정수이다.

ACT 02 016~017쪽

02 $\frac{1}{2\times3\times5}$은 분모에 소인수 3이 있으므로 유한소수로 나타낼 수 없다.

06 $\frac{14}{2^2\times3\times7}=\frac{1}{2\times3}$은 분모에 소인수 3이 있으므로 유한소수로 나타낼 수 없다.

17 $\frac{4}{5}$는 분모의 소인수가 5뿐이므로 소수로 나타내면 유한소수이다.

18 $\frac{13}{12}=\frac{13}{2^2\times3}$은 분모에 소인수 3이 있으므로 소수로 나타내면 무한소수이다.

19 $\frac{14}{20}=\frac{7}{10}=\frac{7}{2\times5}$은 분모의 소인수가 2나 5뿐이므로 소수로 나타내면 유한소수이다.

20 $\frac{12}{50}=\frac{6}{25}=\frac{2\times3}{5^2}$은 분모의 소인수가 5뿐이므로 소수로 나타내면 유한소수이다.

21 $\frac{10}{150}=\frac{1}{15}=\frac{1}{3\times5}$은 분모에 소인수 3이 있으므로 소수로 나타내면 무한소수이다.

22 ② $\frac{7}{2^2\times3\times5}$은 분모에 소인수 3이 있으므로 유한소수로 나타낼 수 없다.

④ $\frac{27}{150}=\frac{9}{50}=\frac{9}{2\times5^2}$는 분모의 소인수가 2나 5뿐이므로 유한소수로 나타낼 수 있다.

⑤ $\frac{22}{2\times3\times5\times11}=\frac{1}{3\times5}$은 분모에 소인수 3이 있으므로 유한소수로 나타낼 수 없다.

따라서 유한소수로 나타낼 수 없는 것은 ②, ⑤이다.

ACT 03 018~019쪽

01 2.2222는 유한소수이다.

02 소수점 아래에 되풀이되는 숫자의 배열이 없으므로 순환소수가 아니다.

03 3.454545는 유한소수이다.

04 5.121212⋯는 순환마디가 12인 순환소수이다.

05 2.487487은 유한소수이다.

06 1.275275275⋯는 순환마디가 275인 순환소수이다.

17 순환소수를 간단히 나타낼 때에는 순환마디의 시작하는 숫자와 끝나는 숫자 위에만 점을 찍어 나타낸다.
➡ $1.216216216\cdots=1.\dot{2}1\dot{6}$

21 $\frac{2}{9}=2\div9=0.22222\cdots=0.\dot{2}$

22 $\frac{7}{15}=7\div15=0.466666\cdots=0.4\dot{6}$

23 $\frac{11}{18}=11\div18=0.611111\cdots=0.6\dot{1}$

24 ① $0.365365365\cdots=0.\dot{3}6\dot{5}$
③ $4.524524524\cdots=4.\dot{5}2\dot{4}$
④ $5.3626262\cdots=5.3\dot{6}\dot{2}$
⑤ $8.258258258\cdots=8.\dot{2}5\dot{8}$
따라서 순환소수의 표현이 옳은 것은 ②이다.

ACT 04 020~021쪽

06 $x=0.888\cdots$로 놓으면

$$\begin{array}{r} 10x=8.888\cdots \\ -)\quad x=0.888\cdots \\ \hline 9x=8 \end{array} \qquad \therefore x=\frac{8}{9}$$

07 $x=1.333\cdots$으로 놓으면

$$\begin{array}{r} 10x=13.333\cdots \\ -)\quad x=\ 1.333\cdots \\ \hline 9x=12 \end{array} \qquad \therefore x=\frac{12}{9}=\frac{4}{3}$$

08 $x=0.252525\cdots$로 놓으면

$$\begin{array}{rl} 100x &= 25.252525\cdots \\ -)\quad x &= 0.252525\cdots \\ \hline 99x &= 25 \end{array} \qquad \therefore x=\frac{25}{99}$$

09 $x=2.686868\cdots$로 놓으면

$$\begin{array}{rl} 100x &= 268.686868\cdots \\ -)\quad x &= 2.686868\cdots \\ \hline 99x &= 266 \end{array} \qquad \therefore x=\frac{266}{99}$$

10 $x=3.595959\cdots$로 놓으면

$$\begin{array}{rl} 100x &= 359.595959\cdots \\ -)\quad x &= 3.595959\cdots \\ \hline 99x &= 356 \end{array} \qquad \therefore x=\frac{356}{99}$$

11 $x=0.304304\cdots$로 놓으면

$$\begin{array}{rl} 1000x &= 304.304304\cdots \\ -)\quad x &= 0.304304\cdots \\ \hline 999x &= 304 \end{array} \qquad \therefore x=\frac{304}{999}$$

12 $x=1.124124\cdots$로 놓으면

$$\begin{array}{rl} 1000x &= 1124.124124\cdots \\ -)\quad x &= 1.124124\cdots \\ \hline 999x &= 1123 \end{array} \qquad \therefore x=\frac{1123}{999}$$

13 $x=0.047047\cdots$로 놓으면

$$\begin{array}{rl} 1000x &= 47.047047\cdots \\ -)\quad x &= 0.047047\cdots \\ \hline 999x &= 47 \end{array} \qquad \therefore x=\frac{47}{999}$$

14 $x=1.068068\cdots$로 놓으면

$$\begin{array}{rl} 1000x &= 1068.068068\cdots \\ -)\quad x &= 1.068068\cdots \\ \hline 999x &= 1067 \end{array} \qquad \therefore x=\frac{1067}{999}$$

15 $x=0.\dot{0}3\dot{2}=0.032032\cdots$로 놓으면

$$\begin{array}{rl} 1000x &= 32.032032\cdots \\ -)\quad x &= 0.032032\cdots \\ \hline 999x &= 32 \end{array} \qquad \therefore x=\frac{32}{999}$$

따라서 가장 편리한 식은 ④이다.

07 $x=0.6555\cdots$로 놓으면

$$\begin{array}{rl} 100x &= 65.555\cdots \\ -)\quad 10x &= 6.555\cdots \\ \hline 90x &= 59 \end{array} \qquad \therefore x=\frac{59}{90}$$

08 $x=2.3666\cdots$으로 놓으면

$$\begin{array}{rl} 100x &= 236.666\cdots \\ -)\quad 10x &= 23.666\cdots \\ \hline 90x &= 213 \end{array} \qquad \therefore x=\frac{213}{90}=\frac{71}{30}$$

09 $x=0.01222\cdots$로 놓으면

$$\begin{array}{rl} 1000x &= 12.222\cdots \\ -)\quad 100x &= 1.222\cdots \\ \hline 900x &= 11 \end{array} \qquad \therefore x=\frac{11}{900}$$

10 $x=1.01777\cdots$로 놓으면

$$\begin{array}{rl} 1000x &= 1017.777\cdots \\ -)\quad 100x &= 101.777\cdots \\ \hline 900x &= 916 \end{array} \qquad \therefore x=\frac{916}{900}=\frac{229}{225}$$

11 $x=5.41888\cdots$로 놓으면

$$\begin{array}{rl} 1000x &= 5418.888\cdots \\ -)\quad 100x &= 541.888\cdots \\ \hline 900x &= 4877 \end{array} \qquad \therefore x=\frac{4877}{900}$$

12 $x=0.3040404\cdots$로 놓으면

$$\begin{array}{rl} 1000x &= 304.040404\cdots \\ -)\quad 10x &= 3.040404\cdots \\ \hline 990x &= 301 \end{array} \qquad \therefore x=\frac{301}{990}$$

13 $x=3.6252525\cdots$로 놓으면

$$\begin{array}{rl} 1000x &= 3625.252525\cdots \\ -)\quad 10x &= 36.252525\cdots \\ \hline 990x &= 3589 \end{array} \qquad \therefore x=\frac{3589}{990}$$

14 $x=2.1\dot{5}=2.1555\cdots$로 놓으면

$10(①)x=21.555\cdots$ …… ㉠

$100(②)x=215.555\cdots$ …… ㉡

㉡−㉠을 하면 $90(③)x=194(④)$

$\therefore x=\frac{194}{90}=\frac{97}{45}(⑤)$

따라서 옳지 않은 것은 ③이다.

ACT 05 022~023쪽

06 $x=0.0555\cdots$로 놓으면

$$\begin{array}{rl} 100x &= 5.555\cdots \\ -)\quad 10x &= 0.555\cdots \\ \hline 90x &= 5 \end{array} \qquad \therefore x=\frac{5}{90}=\frac{1}{18}$$

ACT 06 024~025쪽

08 $3.\dot{1}=\frac{31-3}{9}=\frac{28}{9}$

09 $0.\dot{2}\dot{1}=\frac{21}{99}=\frac{7}{33}$

10 $1.\dot{5}\dot{6}=\frac{156-1}{99}=\frac{155}{99}$

12 $1.\dot{0}3\dot{1}=\frac{1031-1}{999}=\frac{1030}{999}$

13 $0.1\dot{6}=\frac{16-1}{90}=\frac{15}{90}=\frac{1}{6}$

14 $0.3\dot{5}=\frac{35-3}{90}=\frac{32}{90}=\frac{16}{45}$

15 $0.0\dot{7}\dot{8}=\frac{78}{990}=\frac{13}{165}$

16 $2.1\dot{3}\dot{4}=\frac{2134-21}{990}=\frac{2113}{990}$

17 $0.37\dot{1}=\frac{371-37}{900}=\frac{334}{900}=\frac{167}{450}$

18 ② $1.\dot{4}=\frac{14-1}{9}=\frac{13}{9}$ ③ $0.\dot{6}\dot{7}=\frac{67}{99}$

④ $1.\dot{1}\dot{8}=\frac{118-1}{99}=\frac{117}{99}=\frac{13}{11}$

⑤ $0.56\dot{7}=\frac{567-56}{900}=\frac{511}{900}$

따라서 잘못 나타낸 것은 ④이다.

ACT 07 026~027쪽

14 $4.\dot{5}=\frac{45-4}{9}=\frac{41}{9}=\frac{451}{99}$

$4.\dot{5}\dot{6}=\frac{456-4}{99}=\frac{452}{99}$

$\therefore 4.\dot{5}<4.\dot{5}\dot{6}$

다른 풀이 $4.\dot{5}\ =4.5555\cdots$

$4.\dot{5}\dot{6}=4.5656\cdots$

15 $0.2\dot{4}=\frac{24-2}{90}=\frac{22}{90}=\frac{242}{990}$

$0.\dot{2}\dot{4}=\frac{24}{99}=\frac{240}{990}$

$\therefore 0.2\dot{4}>0.\dot{2}\dot{4}$

다른 풀이 $0.2\dot{4}=0.2444\cdots$

$0.\dot{2}\dot{4}=0.2424\cdots$

16 $1.0\dot{5}=\frac{105-10}{90}=\frac{95}{90}=\frac{1045}{990}$

$1.\dot{0}\dot{5}=\frac{105-1}{99}=\frac{104}{99}=\frac{1040}{990}$

$\therefore 1.0\dot{5}>1.\dot{0}\dot{5}$

다른 풀이 $1.0\dot{5}=1.0555\cdots$

$1.\dot{0}\dot{5}=1.0505\cdots$

17 $1.6\dot{2}\dot{0}=\frac{1620-16}{990}=\frac{1604}{990}$

$1.6\dot{2}=\frac{162-16}{90}=\frac{146}{90}=\frac{1606}{990}$

$\therefore 1.6\dot{2}\dot{0}<1.6\dot{2}$

다른 풀이 $1.6\dot{2}\dot{0}=1.62020\cdots$

$1.6\dot{2}\ =1.6222\cdots$

18 $4.9\dot{1}=\frac{491-49}{90}=\frac{442}{90}=\frac{4862}{990}$

$4.9\dot{1}\dot{3}=\frac{4913-49}{990}=\frac{4864}{990}$

$\therefore 4.9\dot{1}<4.9\dot{1}\dot{3}$

다른 풀이 $4.9\dot{1}\ =4.91111\cdots$

$4.9\dot{1}\dot{3}=4.91313\cdots$

19 ㉠ $1.962=1.962$

㉡ $1.96\dot{2}=1.96222\cdots$

㉢ $1.9\dot{6}\dot{2}=1.9626262\cdots$

㉣ $1.\dot{9}6\dot{2}=1.962962\cdots$

∴ ㉠<㉡<㉢<㉣

ACT+ 08 028~029쪽

01 (3) 무한소수는 순환소수와 순환하지 않는 무한소수로 이루어져 있다.

(4) 무한소수 중 순환소수는 유리수이다.

(7) 유한소수로 나타낼 수 없는 분수는 모두 순환소수로 나타낼 수 있다.

02 ② 유한소수는 모두 분수로 나타낼 수 있고 유리수이다.

04 (1) $3\div11=0.272727\cdots=0.\dot{2}\dot{7}$

(2) 순환마디의 숫자가 2개이고 $100\div2=50$으로 나누어떨어지므로 소수점 아래 100번째 자리의 숫자는 순환마디의 마지막 자리의 숫자와 같은 7이다.

05 (1) $\frac{1}{2\times3\times5}\times x$가 유한소수가 되려면 분모의 소인수가 2나 5뿐이어야 하므로 x는 3의 배수이어야 한다.

$\therefore x=3$

(2) $\frac{1}{3\times5\times7}\times x$가 유한소수가 되려면 분모의 소인수가 2나 5뿐이어야 하므로 x는 $3\times7=21$의 배수이어야 한다.

$\therefore x=21$

(3) $\frac{7}{2\times3^2\times5\times7}\times x=\frac{1}{2\times3^2\times5}\times x$가 유한소수가 되려면 분모의 소인수가 2나 5뿐이어야 하므로 x는 $3^2=9$의 배수이어야 한다.

$\therefore x=9$

06 (1) $\frac{1}{14} \times x = \frac{x}{2 \times 7}$가 유한소수가 되려면 x는 7의 배수이어야 한다.
$\therefore x=7$

(2) $\frac{5}{210} \times x = \frac{5 \times x}{2 \times 3 \times 5 \times 7} = \frac{x}{2 \times 3 \times 7}$가 유한소수가 되려면 x는 $3 \times 7 = 21$의 배수이어야 한다.
$\therefore x=21$

(3) $\frac{3}{420} \times x = \frac{3 \times x}{2^2 \times 3 \times 5 \times 7} = \frac{x}{2^2 \times 5 \times 7}$가 유한소수가 되려면 x는 7의 배수이어야 한다.
$\therefore x=7$

07 $\frac{x}{12} = \frac{x}{2^2 \times 3}$가 순환소수가 되려면 x는 3의 배수가 아니어야 하므로 x의 값이 될 수 있는 것은 ① 2, ③ 4이다.

08 $\frac{x}{105} = \frac{x}{3 \times 5 \times 7}$가 순환소수가 되려면 분모의 소인수 3과 7 중의 하나는 약분되지 않아야 한다. 따라서 x는 $3 \times 7 = 21$의 배수가 아니어야 하므로 x의 값이 될 수 없는 것은 21의 배수인 21이다.

09 $\frac{45}{x} = \frac{3^2 \times 5}{x}$가 순환소수가 되려면 약분하고 나서도 분모에 2나 5 이외의 소인수가 있어야 한다.
③ $x=18$이면 $\frac{45}{18} = \frac{3^2 \times 5}{2 \times 3^2} = \frac{5}{2} = 2.5$이므로 순환소수가 될 수 없다.
따라서 x의 값이 될 수 없는 것은 ③이다.

TEST 01 030~031쪽

01 ① $\frac{4}{9} = \frac{2^2}{3^2}$이므로 유한소수로 나타낼 수 없다.
② $\frac{4}{12} = \frac{1}{3}$이므로 유한소수로 나타낼 수 없다.
③ $\frac{4}{24} = \frac{1}{6} = \frac{1}{2 \times 3}$이므로 유한소수로 나타낼 수 없다.
④ $\frac{6}{30} = \frac{1}{5}$이므로 유한소수로 나타낼 수 있다.
⑤ $\frac{2}{35} = \frac{2}{5 \times 7}$이므로 유한소수로 나타낼 수 없다.
따라서 유한소수로 나타낼 수 있는 것은 ④이다.

07 ④ $\frac{4}{24} = \frac{1}{6} = 1 \div 6 = 0.1666\cdots = 0.1\dot{6}$

09 $1.\dot{3} = \frac{13-1}{9} = \frac{12}{9} = \frac{4}{3}$

10 $1.\dot{2}\dot{7} = \frac{127-1}{99} = \frac{126}{99} = \frac{14}{11}$

11 $1.3\dot{5} = \frac{135-13}{90} = \frac{122}{90} = \frac{61}{45}$

12 $1.\dot{0}3\dot{6} = \frac{1036-1}{999} = \frac{1035}{999} = \frac{115}{111}$

13 ㉠ $0.42 = 0.42$
㉡ $0.4\dot{2} = 0.422222\cdots$
㉢ $0.\dot{4}\dot{2} = 0.424242\cdots$
∴ ㉠<㉡<㉢

14 ㉠ $1.\dot{0}\dot{9} = 1.090909\cdots$
㉡ $1.09 = 1.09$
㉢ $1.0\dot{9} = 1.099999\cdots$
∴ ㉡<㉠<㉢

15 ㉠ $0.\dot{5}1\dot{2} = 0.512512512\cdots$
㉡ $0.5\dot{1}\dot{2} = 0.512121212\cdots$
㉢ $0.512 = 0.512$
㉣ $0.51\dot{2} = 0.512222222\cdots$
∴ ㉢<㉡<㉣<㉠

16 ㉠ $1.43\dot{1}\dot{9} = 1.43191919\cdots$
㉡ $1.\dot{4}31\dot{9} = 1.43194319\cdots$
㉢ $1.4319 = 1.4319$
㉣ $1.431\dot{9} = 1.43199999\cdots$
㉤ $1.4\dot{3}1\dot{9} = 1.43193193\cdots$
∴ ㉢<㉠<㉤<㉡<㉣

17 (1) $4 \div 11 = 0.363636\cdots = 0.\dot{3}\dot{6}$
(2) 순환마디의 숫자가 2개이고 $100 \div 2 = 50$으로 나누어떨어지므로 소수점 아래 100번째 자리의 숫자는 순환마디의 마지막 자리의 숫자와 같은 6이다.

18 (1) $5 \div 27 = 0.185185185\cdots = 0.\dot{1}8\dot{5}$
(2) 순환마디의 숫자가 3개이고 $200 \div 3 = 66 \cdots 2$이므로 소수점 아래 200번째 자리의 숫자는 순환마디의 두 번째 자리의 숫자와 같은 8이다.

19 $\frac{5}{18} \times x = \frac{5 \times x}{2 \times 3^2}$가 유한소수가 되려면 분모의 소인수가 2나 5뿐이어야 하므로 x는 $3^2 = 9$의 배수이어야 한다.
$\therefore x=9$

20 $\frac{13}{60} \times x = \frac{13 \times x}{2^2 \times 3 \times 5}$가 유한소수가 되려면 분모의 소인수가 2나 5뿐이어야 하므로 x는 3의 배수이어야 한다.
$\therefore x=3$

21 $\frac{42}{330} \times x = \frac{2 \times 3 \times 7 \times x}{2 \times 3 \times 5 \times 11} = \frac{7 \times x}{5 \times 11}$가 유한소수가 되려면 분모의 소인수가 2나 5뿐이어야 하므로 x는 11의 배수이어야 한다.
$\therefore x=11$

Chapter Ⅱ 식의 계산

ACT 09 036~037쪽

13 $a^5\times a^3=a^{5+3}=a^8$

14 $x^3\times x^6=x^{3+6}=x^9$

15 $y\times y^7=y^{1+7}=y^8$

16 $3^3\times 3^4=3^{3+4}=3^7$

17 $5^7\times 5^8=5^{7+8}=5^{15}$

18 $z^5\times z=z^{5+1}=z^6$

20 $x^4\times x^3\times x^3=x^{4+3+3}=x^{10}$

21 $3^4\times 3^2\times 3^3=3^{4+2+3}=3^9$

22 $x^2\times y\times x^5\times y^6=x^{2+5}\times y^{1+6}=x^7y^7$

23 $2\times 2^2\times 3\times 3^3\times 2^5=2^{1+2+5}\times 3^{1+3}=2^8\times 3^4$

24 ① $a^2\times a^{\square}=a^{2+\square}=a^5$이므로 $2+\square=5$
$\therefore \square=3$
② $b\times b\times b\times b=b^{1+1+1+1}=b^4=b^{\square}$이므로 $\square=4$
③ $a^{10}\times a^{\square}=a^{10+\square}=a^{11}$이므로 $10+\square=11$
$\therefore \square=1$
④ $x\times x^2\times y^2\times y^2=x^{1+2}\times y^{2+2}=x^{\square}y^4$이므로
$\square=1+2=3$
⑤ $x\times x^{\square}\times x^3\times x^2=x^{1+\square+3+2}=x^8$이므로
$1+\square+3+2=8 \quad \therefore \square=2$
따라서 $\square$ 안에 들어갈 수가 가장 작은 것은 ③이다.

ACT 10 038~039쪽

07 $(3^5)^2=3^{5\times 2}=3^{10}$

08 $(2^2)^6=2^{2\times 6}=2^{12}$

09 $(a^4)^5=a^{4\times 5}=a^{20}$

10 $(b^7)^3=b^{7\times 3}=b^{21}$

11 $(x^5)^6=x^{5\times 6}=x^{30}$

12 $(y^3)^4=y^{3\times 4}=y^{12}$

19 $3\times(3^4)^2=3\times 3^{4\times 2}=3^{1+8}=3^9$

20 $(7^2)^5\times(7^6)^4=7^{2\times 5}\times 7^{6\times 4}=7^{10+24}=7^{34}$

21 $(x^3)^4\times(x^2)^3\times y\times(y^3)^3=x^{3\times 4}\times x^{2\times 3}\times y\times y^{3\times 3}$
$=x^{12+6}\times y^{1+9}=x^{18}y^{10}$

22 $x\times(x^3)^3\times y\times(y^6)^2=x\times x^{3\times 3}\times y\times y^{6\times 2}$
$=x^{1+9}\times y^{1+12}=x^{10}y^{13}$

23 $\{(a^2)^3\}^2=(a^{2\times 3})^2=a^{6\times 2}=a^{12}$

24 $\{(b^6)^3\}^2=(b^{6\times 3})^2=b^{18\times 2}=b^{36}$

25 $(5^2)^3=5^{2\times 3}=5^6=5^a$에서 $a=6$
$(7^3)^2=7^{3\times 2}=7^6=7^b$에서 $b=6$
$\therefore a+b=6+6=12$

ACT 11 040~041쪽

08 $3^5\div 3^3=3^{5-3}=3^2$

09 $5^8\div 5^5=5^{8-5}=5^3$

10 $b^7\div b^4=b^{7-4}=b^3$

11 $x^6\div x=x^{6-1}=x^5$

12 $y^{10}\div y^6=y^{10-6}=y^4$

13 $a^2\div a^2=1$
나누는 두 식의 밑과 지수가 같을 때에는 바로 1로 계산할 수 있다.

15 $5^3\div 5^7=\frac{1}{5^{7-3}}=\frac{1}{5^4}$

16 $7\div 7^4=\frac{1}{7^{4-1}}=\frac{1}{7^3}$

17 $x^4\div x^5=\frac{1}{x^{5-4}}=\frac{1}{x}$

19 $x^4\div x^2\div x^6=x^{4-2}\div x^6=x^2\div x^6=\frac{1}{x^{6-2}}=\frac{1}{x^4}$

20 $y^9\div y^4\div y\div y^2=y^{9-4}\div y\div y^2=y^5\div y^1\div y^2$
$=y^{5-1}\div y^2=y^4\div y^2$
$=y^{4-2}=y^2$

21 $b^7\div b^4\div b^3=b^{7-4}\div b^3=b^3\div b^3=1$

22 $(2^3)^3\div 2=2^{3\times 3}\div 2^1=2^{9-1}=2^8$

23 $(3^2)^5 \div (3^3)^3 = 3^{2\times5} \div 3^{3\times3} = 3^{10-9} = 3$

24 $(x^3)^2 \div x \div (x^2)^2 = x^{3\times2} \div x^1 \div x^{2\times2} = x^6 \div x^1 \div x^4$
$= x^{6-1} \div x^4 = x^5 \div x^4$
$= x^{5-4} = x$

25 $(y^4)^3 \div (y^2)^2 \div (y^3)^2 = y^{4\times3} \div y^{2\times2} \div y^{3\times2}$
$= y^{12} \div y^4 \div y^6 = y^{12-4} \div y^6$
$= y^8 \div y^6 = y^{8-6} = y^2$

26 ① $a^4 \div a^2 = a^{4-2} = a^2$
② $a^5 \div a^3 = a^{5-3} = a^2$
③ $a^4 \times a^4 \div a^6 = a^{4+4} \div a^6 = a^{8-6} = a^2$
④ $(a^2)^3 \div a^2 = a^{2\times3} \div a^2 = a^{6-2} = a^4$
⑤ $a^8 \div a^4 \div a^2 = a^{8-4} \div a^2 = a^{4-2} = a^2$
따라서 나머지 넷과 다른 것은 ④이다.

ACT 12 042~043쪽

06 $(3b^2)^4 = 3^4 b^{2\times4} = 81b^8$

07 $(2x^7)^4 = 2^4 x^{7\times4} = 16x^{28}$

08 $(4y^6)^3 = 4^3 y^{6\times3} = 64y^{18}$

09 $(2a^2b^3)^3 = 2^3 a^{2\times3} b^{3\times3} = 8a^6b^9$

10 $(5x^4y^5)^2 = 5^2 x^{4\times2} y^{5\times2} = 25x^8y^{10}$

12 $\left(\dfrac{b}{2^2}\right)^3 = \dfrac{b^3}{2^{2\times3}} = \dfrac{b^3}{2^6} = \dfrac{b^3}{64}$

13 $\left(\dfrac{2}{x^2}\right)^4 = \dfrac{2^4}{x^{2\times4}} = \dfrac{2^4}{x^8} = \dfrac{16}{x^8}$

14 $\left(\dfrac{y^5}{2^3}\right)^2 = \dfrac{y^{5\times2}}{2^{3\times2}} = \dfrac{y^{10}}{2^6} = \dfrac{y^{10}}{64}$

15 $\left(\dfrac{b^3}{a^4}\right)^5 = \dfrac{b^{3\times5}}{a^{4\times5}} = \dfrac{b^{15}}{a^{20}}$

16 $\left(\dfrac{b}{3a^4}\right)^3 = \dfrac{b^3}{3^3a^{4\times3}} = \dfrac{b^3}{27a^{12}}$

17 $\left(\dfrac{3y^3}{x^5}\right)^4 = \dfrac{3^4y^{3\times4}}{x^{5\times4}} = \dfrac{81y^{12}}{x^{20}}$

19 $(-2a^5b^3)^4 = (-2)^4 a^{5\times4} b^{3\times4} = 16a^{20}b^{12}$

20 $(-3xy^2)^3 = (-3)^3 x^3 y^{2\times3} = -27x^3y^6$

22 $\left(-\dfrac{b^2}{3}\right)^3 = (-1)^3 \times \dfrac{b^{2\times3}}{3^3} = -\dfrac{b^6}{3^3} = -\dfrac{b^6}{27}$

23 $\left(-\dfrac{4x^3}{y^5}\right)^2 = (-1)^2 \times \dfrac{4^2x^{3\times2}}{y^{5\times2}} = \dfrac{4^2x^6}{y^{10}} = \dfrac{16x^6}{y^{10}}$

24 $(2xy^2)^3 = 2^3x^3y^{2\times3} = 8x^3y^6 = Ax^By^C$에서
$A=8,\ B=3,\ C=6$
$\therefore A+B+C = 8+3+6 = 17$

ACT 13 044~045쪽

01 $a^7 \times a^3 = a^{7+3} = a^{10}$

02 $x^5 \times x^6 \times x = x^{5+6+1} = x^{12}$

03 $a^3 \times b^2 \times a^4 \times b = a^{3+4} \times b^{2+1} = a^7b^3$

04 $(2^5)^3 = 2^{5\times3} = 2^{15}$

05 $(a^4)^2 \times (b^2)^3 = a^{4\times2} \times b^{2\times3} = a^8b^6$

06 $\{(a^4)^3\}^5 = (a^{4\times3})^5 = a^{12\times5} = a^{60}$

07 $2^{11} \div 2^4 = 2^{11-4} = 2^7$

08 $a^7 \div a^7 = 1$
나누는 두 식의 밑과 지수가 같으므로 1이다.

09 $x^6 \div x^2 \div x = x^{6-2} \div x = x^{4-1} = x^3$

10 $(y^2)^5 \div y \div y^4$
$= y^{2\times5} \div y^1 \div y^4 = y^{10-1} \div y^4 = y^{9-4} = y^5$

11 $(5a^4b^3)^3 = 5^3a^{4\times3}b^{3\times3} = 125a^{12}b^9$

12 $\left(\dfrac{y^5}{x^3}\right)^2 = \dfrac{y^{5\times2}}{x^{3\times2}} = \dfrac{y^{10}}{x^6}$

13 $(-ab^2)^4 = (-1)^4a^4b^{2\times4} = a^4b^8$

14 $(-2x^3y^2)^3 = (-2)^3x^{3\times3} \times y^{2\times3} = -8x^9y^6$

15 $\left(-\dfrac{b^5}{a}\right)^3 = (-1)^3 \times \dfrac{b^{5\times3}}{a^3} = -\dfrac{b^{15}}{a^3}$

16 $\left(-\dfrac{3x}{y^2}\right)^4 = (-1)^4 \times \dfrac{3^4x^4}{y^{2\times4}} = \dfrac{81x^4}{y^8}$

17 $\left(-\dfrac{y^7}{5x^4}\right)^2 = (-1)^2 \times \dfrac{y^{7\times2}}{5^2x^{4\times2}} = \dfrac{y^{14}}{25x^8}$

18 $2^4 \times 2^6 = 2^{4+6} = 2^{10}$

19 $(a^3b^2)^3 = a^{3\times3} \times b^{2\times3} = a^9b^6$

20 $x^3 \div x^6 = \dfrac{1}{x^{6-3}} = \dfrac{1}{x^3}$

21 $a^2 \times b \times b^5 = a^2 \times b^{1+5} = a^2b^6$

22 $\left(-\frac{a^3}{5}\right)^2=(-1)^2\times\frac{a^{3\times2}}{5^2}=\frac{a^6}{25}$

23 ① $a^3\times a^4=a^{3+4}=a^7$
③ $(a^3b)^3=a^{3\times3}\times b^3=a^9b^3$
④ $(-2ab^2)^2=(-2)^2a^2b^{2\times2}=4a^2b^4$
따라서 옳은 것은 ②, ⑤이다.

ACT+ 14 046~047쪽

01 $2^3\times2^\square=2^{3+\square}=2^8$이므로 $3+\square=8$ $\therefore \square=5$

02 $a^\square\times a^5=a^{\square+5}=a^{10}$이므로 $\square+5=10$ $\therefore \square=5$

03 $(5^2)^\square=5^{2\times\square}=5^{14}$이므로 $2\times\square=14$ $\therefore \square=7$

04 $(x^\square)^3=x^{\square\times3}=x^{12}$이므로 $\square\times3=12$ $\therefore \square=4$

05 $3^\square\div3^6=3^{\square-6}=3^2$이므로 $\square-6=2$ $\therefore \square=8$

06 $\left(\frac{a^\square}{b^2}\right)^3=\frac{a^{\square\times3}}{b^{2\times3}}=\frac{a^9}{b^6}$이므로 $\square\times3=9$ $\therefore \square=3$

07 $\left(-\frac{3^\square}{2^3}\right)^4=(-1)^4\times\frac{3^{\square\times4}}{2^{3\times4}}=\frac{3^8}{2^{12}}$이므로
$\square\times4=8$ $\therefore \square=2$

08 $2^2\times2^n=2^{2+n}$, $32=2^5$이므로 $2+n=5$ $\therefore n=3$

09 $3^n\times3^3=3^{n+3}$, $729=3^6$이므로 $n+3=6$ $\therefore n=3$

10 $(2^n)^3=2^{3n}$, $64=2^6$이므로 $3n=6$ $\therefore n=2$

11 $(5^2)^n=5^{2n}$, $625=5^4$이므로 $2n=4$ $\therefore n=2$

12 $3^n\div3^6=3^{n-6}$, $9=3^2$이므로 $n-6=2$ $\therefore n=8$

13 $\left(\frac{2^n}{3^2}\right)^3=\frac{2^{3n}}{3^6}$, $\frac{512}{729}=\frac{2^9}{3^6}$이므로 $3n=9$ $\therefore n=3$

14 $\left(-\frac{2^n}{3}\right)^3=(-1)^3\times\frac{2^{3n}}{3^3}$, $-\frac{64}{27}=-\frac{2^6}{3^3}$이므로
$3n=6$ $\therefore n=2$

16 (1) $3^9=(3^3)^3=B^3$
(2) $27^2=(3^3)^2=B^2$
(3) $(3^2)^3=3^{2\times3}=3^6=(3^3)^2=B^2$
(4) $\left(\frac{3^6}{3^2}\right)^3=\frac{3^{6\times3}}{3^{2\times3}}=\frac{3^{18}}{3^6}=\frac{(3^3)^6}{(3^3)^2}=\frac{B^6}{B^2}=B^{6-2}=B^4$

21 $9^6+9^6+9^6=3\times9^6=3\times(3^2)^6=3\times3^{12}=3^{13}$

22 $4^3+4^3+4^3+4^3=4\times4^3=4^4=(2^2)^4=2^8$

23 $16^2+16^2+16^2+16^2=4\times16^2=4\times(4^2)^2$
$=4\times4^4=4^5=(2^2)^5=2^{10}$

ACT 15 050~051쪽

13 $\left(\frac{1}{3}ab\right)^2\times27b=\frac{a^2b^2}{9}\times27b=3a^2b^3$

14 $a^2b^3\times(4ab)^2=a^2b^3\times16a^2b^2=16a^4b^5$

15 $(-xy)^2\times(4x^2y)^3=x^2y^2\times64x^6y^3=64x^8y^5$

16 $(2x^2y)^3\times(-xy^3)^4=8x^6y^3\times x^4y^{12}=8x^{10}y^{15}$

17 $\left(\frac{3a^2b^2}{4}\right)^3\times(8a^3b)^2=\frac{27a^6b^6}{64}\times64a^6b^2=27a^{12}b^8$

18 $\left(-\frac{b^2}{2a^4}\right)^3\times(4a^3)^3=\left(-\frac{b^6}{8a^{12}}\right)\times64a^9=-\frac{8b^6}{a^3}$

19 $\left(-\frac{y}{x^2}\right)^3\times\left(-\frac{x^2}{y}\right)^4=\left(-\frac{y^3}{x^6}\right)\times\frac{x^8}{y^4}=-\frac{x^2}{y}$

20 $\left(-\frac{x}{3y^2}\right)^4\times\left(\frac{9y^3}{x^2}\right)^3=\frac{x^4}{81y^8}\times\frac{729y^9}{x^6}=\frac{9y}{x^2}$

23 $(3ab^2)^3\times(a^3b^2)^2\times6a^2b=27a^3b^6\times a^6b^4\times6a^2b$
$=162a^{11}b^{11}$

24 $a^2b\times\left(\frac{3a}{b^3}\right)^2\times b^5=a^2b\times\frac{9a^2}{b^6}\times b^5=9a^4$

25 $\left(\frac{x^2}{y}\right)^2\times\left(\frac{2y^2}{x^3}\right)^3\times\left(-\frac{4x}{y^2}\right)=\frac{x^4}{y^2}\times\frac{8y^6}{x^9}\times\left(-\frac{4x}{y^2}\right)$
$=-\frac{32y^2}{x^4}$

26 $(xy^2)^2\times(2x^3y)^3=x^2y^4\times8x^9y^3=8x^{11}y^7$
$8x^{11}y^7=Ax^By^C$에서 $A=8$, $B=11$, $C=7$
$\therefore A-B+C=8-11+7=4$

ACT 16 052~053쪽

03 $\frac{-3b}{(-a)^2}=\frac{-3b}{a^2}=-\frac{3b}{a^2}$

05 $\frac{(3xy)^3}{2y^2}=\frac{27x^3y^3}{2y^2}=\frac{27x^3y}{2}$

06 $\frac{4x^2}{(-2x^2y)^3}=\frac{4x^2}{-8x^6y^3}=-\frac{1}{2x^4y^3}$

13 $10x^5y^2\div(-5x^2y)=10x^5y^2\times\frac{1}{-5x^2y}=-2x^3y$

다른 풀이 $10x^5y^2\div(-5x^2y)=\frac{10x^5y^2}{-5x^2y}=-2x^3y$

14 $(-2a^3b^2)^4\div(-a^2b)^2=16a^{12}b^8\div a^4b^2=16a^8b^6$

다른 풀이 $(-2a^3b^2)^4\div(-a^2b)^2=\frac{16a^{12}b^8}{a^4b^2}=16a^8b^6$

15 $12a^2b^2\div\frac{a}{b^4}=12a^2b^2\times\frac{b^4}{a}=12ab^6$

16 $(6a^2b)^3\div(-3ab^2)^4=216a^6b^3\div 81a^4b^8$
$=216a^6b^3\times\frac{1}{81a^4b^8}$
$=\frac{8a^2}{3b^5}$

17 $\left(-\frac{x^3}{3y^4}\right)^2\div\left(\frac{x}{6y^2}\right)^3=\frac{x^6}{9y^8}\div\frac{x^3}{216y^6}$
$=\frac{x^6}{9y^8}\times\frac{216y^6}{x^3}$
$=\frac{24x^3}{y^2}$

18 $\left(\frac{xy^2}{4}\right)^3\div\left(\frac{y}{2x}\right)^4=\frac{x^3y^6}{64}\div\frac{y^4}{16x^4}$
$=\frac{x^3y^6}{64}\times\frac{16x^4}{y^4}$
$=\frac{x^7y^2}{4}$

19 $9a^3\div 3a\div a=3a^2\div a=3a$

다른 풀이 $9a^3\div 3a\div a=9a^3\times\frac{1}{3a}\times\frac{1}{a}=3a$

20 $8a^2b^2\div a^2b\div 2a^2=8b\div 2a^2=\frac{8b}{2a^2}=\frac{4b}{a^2}$

다른 풀이 $8a^2b^2\div a^2b\div 2a^2=8a^2b^2\times\frac{1}{a^2b}\times\frac{1}{2a^2}$
$=\frac{4b}{a^2}$

21 $-6x^2y\div 3x\div(-y)=-2xy\div(-y)=2x$

다른 풀이 $-6x^2y\div 3x\div(-y)$
$=-6x^2y\times\frac{1}{3x}\times\left(-\frac{1}{y}\right)=2x$

22 $4x^3y^4\div(-2xy)\div(-y)^3=-2x^2y^3\div(-y^3)=2x^2$

다른 풀이 $4x^3y^4\div(-2xy)\div(-y)^3$
$=4x^3y^4\times\left(-\frac{1}{2xy}\right)\div(-y^3)$
$=4x^3y^4\times\left(-\frac{1}{2xy}\right)\times\left(-\frac{1}{y^3}\right)=2x^2$

23 ㉠ $(-2a^5)\div 4a^3\div(-a^2)^2=(-2a^5)\div 4a^3\div a^4$
$=(-2a^5)\times\frac{1}{4a^3}\times\frac{1}{a^4}$
$=-\frac{1}{2a^2}$

㉣ $(-2ab^2)^2\div 3ab\div 2a^4b^3=4a^2b^4\div 3ab\div 2a^4b^3$
$=4a^2b^4\times\frac{1}{3ab}\times\frac{1}{2a^4b^3}$
$=\frac{2}{3a^3}$

ACT 17

054~055쪽

05 $2x^2y\div 4x\times 8y=2x^2y\times\frac{1}{4x}\times 8y=4xy^2$

06 $5ab\times 4a^2b\div(-a^2b)=5ab\times 4a^2b\times\left(-\frac{1}{a^2b}\right)$
$=-20ab$

07 $3x^2y\div\frac{6}{x^3y}\times 8y=3x^2y\times\frac{x^3y}{6}\times 8y=4x^5y^3$

08 $-6xy^4\times 3x^2\div(-9xy)=-6xy^4\times 3x^2\times\left(-\frac{1}{9xy}\right)$
$=2x^2y^3$

09 $\frac{3}{4}a^2b\div\left(-\frac{3}{2}a^2b^3\right)\times ab^3=\frac{3}{4}a^2b\times\left(-\frac{2}{3a^2b^3}\right)\times ab^3$
$=-\frac{ab}{2}$

10 $(3xy^2)^3\times 2x^3y\div(6xy^2)^2=27x^3y^6\times 2x^3y\div 36x^2y^4$
$=27x^3y^6\times 2x^3y\times\frac{1}{36x^2y^4}$
$=\frac{3x^4y^3}{2}$

11 $5a^2b^3\times\left(-\frac{2}{a}\right)^2\div(-4a^2b)=5a^2b^3\times\frac{4}{a^2}\times\left(-\frac{1}{4a^2b}\right)$
$=-\frac{5b^2}{a^2}$

12 $(a^2b)^2\div(-4b)^3\times(2ab)^2=a^4b^2\div(-64b^3)\times 4a^2b^2$
$=a^4b^2\times\left(-\frac{1}{64b^3}\right)\times 4a^2b^2$
$=-\frac{a^6b}{16}$

13 $12a^3b^5\div(-6ab^2)\times(-ab)^3$
$=12a^3b^5\times\left(-\frac{1}{6ab^2}\right)\times(-a^3b^3)$
$=2a^5b^6$

14 $\left(\frac{2x^2}{y}\right)^2\times\left(\frac{2y}{x}\right)^3\div\left(\frac{4x^2}{y}\right)^2=\frac{4x^4}{y^2}\times\frac{8y^3}{x^3}\div\frac{16x^4}{y^2}$
$=\frac{4x^4}{y^2}\times\frac{8y^3}{x^3}\times\frac{y^2}{16x^4}$
$=\frac{2y^3}{x^3}$

15 $\left(-\frac{2x^2y}{5}\right)^2\times\left(-\frac{1}{2xy}\right)^3\div\left(\frac{x}{10y}\right)^2$
$=\frac{4x^4y^2}{25}\times\left(-\frac{1}{8x^3y^3}\right)\div\frac{x^2}{100y^2}$
$=\frac{4x^4y^2}{25}\times\left(-\frac{1}{8x^3y^3}\right)\times\frac{100y^2}{x^2}$
$=-\frac{2y}{x}$

16 ② $2x^2\div4x^3\times3x=2x^2\times\frac{1}{4x^3}\times3x=\frac{3}{2}$

③ $2x^2y\times4y\div xy=2x^2y\times4y\times\frac{1}{xy}=8xy$

④ $(-2xy^2)^2\times3xy\div8x^4y^3=4x^2y^4\times3xy\times\frac{1}{8x^4y^3}$
$=\frac{3y^2}{2x}$

⑤ $(-9x^2y^3)\div(3xy^2)^2\times(-y)^3$
$=(-9x^2y^3)\div9x^2y^4\times(-y^3)$
$=(-9x^2y^3)\times\frac{1}{9x^2y^4}\times(-y^3)=y^2$

ACT+ 18   056~057쪽

03 $\square\times4a^2b=16a^5b^4$

➡ $\square=16a^5b^4\div4a^2b=4a^3b^3$

04 $\left(-\frac{9x^4y^2}{2}\right)\div\square=-\frac{6y^4}{x}$

➡ $\square=\left(-\frac{9x^4y^2}{2}\right)\div\left(-\frac{6y^4}{x}\right)$
$=\left(-\frac{9x^4y^2}{2}\right)\times\left(-\frac{x}{6y^4}\right)=\frac{3x^5}{4y^2}$

05 $\square\times ab^2\times(-a^2)=-2a^5b^4$

➡ $\square=-2a^5b^4\div ab^2\div(-a^2)$

$\square=-2a^5b^4\times\frac{1}{ab^2}\times\left(-\frac{1}{a^2}\right)=2a^2b^2$

다른 풀이

$\square\times ab^2\times(-a^2)=-2a^5b^4$

➡ $\square\times(-a^3b^2)=-2a^5b^4$

$\therefore\ \square=-2a^5b^4\div(-a^3b^2)=2a^2b^2$

06 $\square\div(-2a^3b^2)\div2ab^3=8a^2b^3$

➡ $\square=8a^2b^3\times(-2a^3b^2)\times2ab^3=-32a^6b^8$

07 $(2a)^3\times\square\div(-a^2b^3)=40a^4b$

➡ $8a^3\times\square\times\left(-\frac{1}{a^2b^3}\right)=40a^4b$

$\therefore\ \square=40a^4b\div8a^3\times(-a^2b^3)$
$=40a^4b\times\frac{1}{8a^3}\times(-a^2b^3)=-5a^3b^4$

08 $\frac{3}{2y}\div\square\times(-2x^3y^2)=-8x^5y^2$

➡ $\square=\frac{3}{2y}\times(-2x^3y^2)\times\left(-\frac{1}{8x^5y^2}\right)=\frac{3}{8x^2y}$

10 (직사각형의 넓이) = (가로의 길이) × (세로의 길이)
$=3ab^2\times6a^3b^2=18a^4b^4$

11 (세로의 길이) = (직사각형의 넓이) ÷ (가로의 길이)
$=12a^3b^3\div3a^2b=\frac{12a^3b^3}{3a^2b}=4ab^2$

13 (원기둥의 밑넓이) $=\pi\times$ (반지름의 길이)^2
$=\pi\times(ab^2)^2=\pi a^2b^4$
∴ (원기둥의 부피) = (밑넓이) × (높이)
$=\pi a^2b^4\times a^2b=\pi a^4b^5$

14 (원뿔의 밑넓이) $=\pi\times\left(\frac{3a}{b}\right)^2=\frac{9\pi a^2}{b^2}$

∴ (원뿔의 부피) $=\frac{1}{3}\times$ (밑넓이) × (높이)
$=\frac{1}{3}\times\frac{9\pi a^2}{b^2}\times4ab^3$
$=12\pi a^3b$

ACT 19   060~061쪽

03 $(2a+4b)-(-a-3b)$
$=2a+4b+a+3b$
$=3a+7b$

04 $(-x-y)-(2x+5y)$
$=-x-y-2x-5y$
$=-3x-6y$

05 $(5a-b)-(2a-4b)$
$=5a-b-2a+4b$
$=3a+3b$

06 $(x-2y)-(3x+y)$
$=x-2y-3x-y$
$=-2x-3y$

09 $(3a-2b-7)-(2a+3b-4)$
$=3a-2b-7-2a-3b+4$
$=a-5b-3$

10 $(2x+y-2)-(x-2y+1)$
$=2x+y-2-x+2y-1$
$=x+3y-3$

11 $(3a+5b+3)-(4a+2b-2)$
$=3a+5b+3-4a-2b+2$
$=-a+3b+5$

12 $(9x-5y-2)-(5x-3y+2)$
$=9x-5y-2-5x+3y-2$
$=4x-2y-4$

14 $3(2x-y)-2(4x+y)$
$=6x-3y-8x-2y$
$=-2x-5y$

15 $2(-a+b)+3(a+4b)$
$=-2a+2b+3a+12b$
$=a+14b$

16 $-(4x-y)+5(x+2y)$
$=-4x+y+5x+10y$
$=x+11y$

17 $-2(a+3b)-(a-5b)$
$=-2a-6b-a+5b$
$=-3a-b$

18 $3(2a-b+3)+2(a-3b-4)$
$=6a-3b+9+2a-6b-8$
$=8a-9b+1$

19 $\left(\frac{1}{2}a+\frac{3}{4}b\right)+\left(\frac{1}{3}a-\frac{3}{5}b\right)$
$=\frac{1}{2}a+\frac{1}{3}a+\frac{3}{4}b-\frac{3}{5}b$
$=\frac{3+2}{6}a+\frac{15-12}{20}b=\frac{5}{6}a+\frac{3}{20}b$

20 $\frac{1}{2}(3x-y)-\frac{3}{4}(-x+2y)$
$=\frac{3}{2}x-\frac{1}{2}y+\frac{3}{4}x-\frac{3}{2}y$
$=\frac{3}{2}x+\frac{3}{4}x-\frac{1}{2}y-\frac{3}{2}y=\frac{9}{4}x-2y$

22 $\frac{a-3b}{4}-\frac{2a-5b}{3}$
$=\frac{3(a-3b)-4(2a-5b)}{12}$
$=\frac{3a-9b-8a+20b}{12}$
$=-\frac{5}{12}a+\frac{11}{12}b$

23 $\frac{3x+y}{2}+\frac{x-4y}{5}$
$=\frac{5(3x+y)+2(x-4y)}{10}$
$=\frac{15x+5y+2x-8y}{10}$
$=\frac{17}{10}x-\frac{3}{10}y$

24 $\frac{9x-y}{10}-\frac{4x-7y}{15}$
$=\frac{3(9x-y)-2(4x-7y)}{30}$
$=\frac{27x-3y-8x+14y}{30}$
$=\frac{19}{30}x+\frac{11}{30}y=ax+by$
에서 $a=\frac{19}{30}$, $b=\frac{11}{30}$
$\therefore a+b=\frac{19}{30}+\frac{11}{30}=\frac{30}{30}=1$

ACT 20 062~063쪽

01 $x-3y$ ➡ x, y에 관한 일차식

02 x^2-x+1 ➡ x에 관한 이차식

03 $x-4y+1$ ➡ x, y에 관한 일차식

04 $x^2+3x-7-(x^2-5y)$
$=x^2+3x-7-x^2+5y$
$=3x+5y-7$
➡ x, y에 관한 일차식

05 $x^2+1+\frac{1}{2}x(2x-1)$
$=x^2+1+x^2-\frac{1}{2}x$
$=2x^2-\frac{1}{2}x+1$
➡ x에 관한 이차식

06 $x^3+2(x^2-x+1)-x(x^2+x-1)$
$=x^3+2x^2-2x+2-x^3-x^2+x$
$=x^2-x+2$
➡ x에 관한 이차식

07 $(x^2-3x+1)+(2x^2+x-3)$
$=(1+2)x^2+(-3+1)x+1-3$
$=3x^2-2x-2$

08 $(x^2+2x-1)+3x^2$
$=(1+3)x^2+2x-1$
$=4x^2+2x-1$

09 $(x^2+2)-(3x^2-1)$
$=x^2+2-3x^2+1$
$=(1-3)x^2+2+1$
$=-2x^2+3$

10 $(-x^2+5x-2)+(2x^2-x+3)$
$=(-1+2)x^2+(5-1)x-2+3$
$=x^2+4x+1$

11 $(2x^2+x-2)-(x^2-2x+1)$
$=2x^2+x-2-x^2+2x-1$
$=(2-1)x^2+(1+2)x-2-1$
$=x^2+3x-3$

12 $(5x^2-x+2)-(3x^2+4x+1)$
$=5x^2-x+2-3x^2-4x-1$
$=(5-3)x^2+(-1-4)x+2-1$
$=2x^2-5x+1$

13 $2(x^2+4x+3)+3(-x^2+x+2)$
$=2x^2+8x+6-3x^2+3x+6$
$=(2-3)x^2+(8+3)x+6+6$
$=-x^2+11x+12$

14 $5(x^2+2)-(4x^2+7)$
$=5x^2+10-4x^2-7$
$=(5-4)x^2+10-7$
$=x^2+3$

15 $2(3x^2+2x-1)+3(x^2-6x+2)$
$=6x^2+4x-2+3x^2-18x+6$
$=(6+3)x^2+(4-18)x-2+6$
$=9x^2-14x+4$

16 $\frac{1}{3}(3x^2-6)-2x^2$
$=x^2-2-2x^2$
$=(1-2)x^2-2$
$=-x^2-2$

17 $-2(x^2+x+2)+3x$
$=-2x^2-2x-4+3x$
$=-2x^2+(-2+3)x-4$
$=-2x^2+x-4$

18 $-(x^2-4x)+3(x^2+x)$
$=-x^2+4x+3x^2+3x$
$=(-1+3)x^2+(4+3)x$
$=2x^2+7x$

19 $4(2x^2-4x+5)-(6x^2-7x+15)$
$=8x^2-16x+20-6x^2+7x-15$
$=(8-6)x^2+(-16+7)x+20-15$
$=2x^2-9x+5$

20 $3(2x^2+x+4)-\frac{1}{4}(8x^2-12x+20)$
$=6x^2+3x+12-2x^2+3x-5$
$=(6-2)x^2+(3+3)x+12-5$
$=4x^2+6x+7$

22 $\frac{x^2-3x+2}{5}+\frac{2x^2-x+4}{3}$
$=\frac{3(x^2-3x+2)+5(2x^2-x+4)}{15}$
$=\frac{3x^2-9x+6+10x^2-5x+20}{15}$
$=\frac{13x^2-14x+26}{15}$

23 $\frac{7x^2-4x+1}{3}-\frac{5x^2-3x+2}{4}$
$=\frac{4(7x^2-4x+1)-3(5x^2-3x+2)}{12}$
$=\frac{28x^2-16x+4-15x^2+9x-6}{12}$
$=\frac{13x^2-7x-2}{12}$

24 $\frac{x^2+x+3}{6}-\frac{2x^2-x}{4}$
$=\frac{2(x^2+x+3)-3(2x^2-x)}{12}$
$=\frac{2x^2+2x+6-6x^2+3x}{12}$
$=\frac{-4x^2+5x+6}{12}$

25 ㉠ $9-x^2$ ➡ x에 관한 이차식
㉡ $x-2y+3$ ➡ x, y에 관한 일차식
㉢ $x^3-\frac{1}{2}(x^2-5)=x^3-\frac{1}{2}x^2+\frac{5}{2}$ ➡ 이차식이 아니다.
㉣ $(x+3)-(x-x^2+1)$
$=x+3-x+x^2-1$
$=x^2+2$ ➡ x에 관한 이차식

05 $(x+2y)-\{y-(3x-y)\}$
$=x+2y-(y-3x+y)$
$=x+2y-(-3x+2y)$
$=x+2y+3x-2y$
$=4x$

06 $5a-[b-\{2a-(3a-4b)\}]$
$=5a-\{b-(2a-3a+4b)\}$
$=5a-\{b-(-a+4b)\}$
$=5a-(b+a-4b)$
$=5a-(a-3b)$
$=5a-a+3b$
$=4a+3b$

07 $-2(x-y)-\{5x-(y-3x)+6y\}$
$=-2x+2y-(5x-y+3x+6y)$
$=-2x+2y-(8x+5y)$
$=-2x+2y-8x-5y$
$=-10x-3y$

08 $-6[2a-b-\{4a-(8a-3b)\}]$
$=-6\{2a-b-(4a-8a+3b)\}$
$=-6\{2a-b-(-4a+3b)\}$
$=-6(2a-b+4a-3b)$
$=-6(6a-4b)$
$=-36a+24b$

09 $x-[3x+y-\{6x-(x-7y)\}]$
$=x-\{3x+y-(6x-x+7y)\}$
$=x-\{3x+y-(5x+7y)\}$
$=x-(3x+y-5x-7y)$
$=x-(-2x-6y)$
$=x+2x+6y$
$=3x+6y$

10 $3(x^2+x)-\{2x^2-(3x^2-x+1)\}$
$=3x^2+3x-(2x^2-3x^2+x-1)$
$=3x^2+3x-(-x^2+x-1)$
$=3x^2+3x+x^2-x+1$
$=4x^2+2x+1$

11 $3x^2-10-[x^2-2x-\{4x^2-(3x-5)\}]$
$=3x^2-10-\{x^2-2x-(4x^2-3x+5)\}$
$=3x^2-10-(x^2-2x-4x^2+3x-5)$
$=3x^2-10-(-3x^2+x-5)$
$=3x^2-10+3x^2-x+5$
$=6x^2-x-5$

12 $-9y-\{2x-(3x-5y)+7y\}$
$=-9y-(2x-3x+5y+7y)$
$=-9y-(-x+12y)$
$=-9y+x-12y$
$=x-21y$
$\therefore a=1,\ b=-21$

13 $4x-[2y-\{x-(4x-3y)\}]$
$=4x-\{2y-(x-4x+3y)\}$
$=4x-\{2y-(-3x+3y)\}$
$=4x-(2y+3x-3y)$
$=4x-(3x-y)$
$=4x-3x+y$
$=x+y$
$\therefore a=1,\ b=1$

14 $x+3y-[10y-\{4x-(3x-y)\}+y]$
$=x+3y-\{10y-(4x-3x+y)+y\}$
$=x+3y-\{10y-(x+y)+y\}$
$=x+3y-(10y-x-y+y)$
$=x+3y-(10y-x)$
$=x+3y-10y+x$
$=2x-7y$
$\therefore a=2,\ b=-7$

15 $10x-2[-y+3x-\{9y-(7x+10y)\}]$
$=10x-2\{-y+3x-(9y-7x-10y)\}$
$=10x-2\{-y+3x-(-7x-y)\}$
$=10x-2(-y+3x+7x+y)$
$=10x-2\times10x$
$=-10x$
$\therefore a=-10,\ b=0$

16 $x-2y-[3y-\{2y-(x+4y)+3x\}]$
$=x-2y-\{3y-(2y-x-4y+3x)\}$
$=x-2y-\{3y-(2x-2y)\}$
$=x-2y-(3y-2x+2y)$
$=x-2y-(-2x+5y)$
$=x-2y+2x-5y$
$=3x-7y$
즉, $a=3,\ b=-7$이므로 $a+b=3-7=-4$

ACT 22 066~067쪽

10 $(a+3b)\times(-2a)$
$=a\times(-2a)+3b\times(-2a)$
$=-2a^2-6ab$

11 $\frac{1}{6}a(30a-12b)$
$=\frac{1}{6}a\times30a-\frac{1}{6}a\times12b$
$=5a^2-2ab$

13 $-\frac{2}{5}x(20x-15y+5)$
$=-\frac{2}{5}x\times20x-\left(-\frac{2}{5}x\right)\times15y+\left(-\frac{2}{5}x\right)\times5$
$=-8x^2+6xy-2x$

14 $(12a-18b)\times\frac{5}{6}b$
$=12a\times\frac{5}{6}b-18b\times\frac{5}{6}b$
$=10ab-15b^2$

15 $(18x-36y)\times\left(-\frac{2}{9}x\right)$
$=18x\times\left(-\frac{2}{9}x\right)-36y\times\left(-\frac{2}{9}x\right)$
$=-4x^2+8xy$

16 $(-6x+10y+2)\times\frac{3}{2}y$
$=-6x\times\frac{3}{2}y+10y\times\frac{3}{2}y+2\times\frac{3}{2}y$
$=-9xy+15y^2+3y$

17 $(9x-6y+1)\times\left(-\frac{2}{3}x\right)$
$=9x\times\left(-\frac{2}{3}x\right)-6y\times\left(-\frac{2}{3}x\right)+1\times\left(-\frac{2}{3}x\right)$
$=-6x^2+4xy-\frac{2}{3}x$

20 $\frac{3}{5}x\left(\frac{15}{6}x^2-10x+5\right)$
$=\frac{3}{5}x\times\frac{15}{6}x^2-\frac{3}{5}x\times10x+\frac{3}{5}x\times5$
$=\frac{3}{2}x^3-6x^2+3x$

21 $(5a^2-a+12)\times(-2a)$
$=5a^2\times(-2a)-a\times(-2a)+12\times(-2a)$
$=-10a^3+2a^2-24a$

22 $(9x^2+6x-1)\times\left(-\frac{4}{3}x\right)$
$=9x^2\times\left(-\frac{4}{3}x\right)+6x\times\left(-\frac{4}{3}x\right)-1\times\left(-\frac{4}{3}x\right)$
$=-12x^3-8x^2+\frac{4}{3}x$

23 $-2x(5x+3y-1)$
$=(-2x)\times5x+(-2x)\times3y-(-2x)\times1$
$=-10x^2-6xy+2x$이므로
$a=-10,\ b=-6,\ c=2$
$\therefore\ a-b+c=-10-(-6)+2=-2$

ACT 23 068~069쪽

02 $(9xy-6x)\div3x=\frac{9xy-6x}{3x}$
$=\frac{9xy}{3x}-\frac{6x}{3x}=3y-2$

03 $(5xy+15y)\div(-5y)=\frac{5xy+15y}{-5y}$
$=-\frac{5xy}{5y}-\frac{15y}{5y}=-x-3$

04 $(12x^2-8x)\div2x=\frac{12x^2-8x}{2x}$
$=\frac{12x^2}{2x}-\frac{8x}{2x}=6x-4$

05 $(4ab^2+12a^2b)\div4ab=\frac{4ab^2+12a^2b}{4ab}$
$=\frac{4ab^2}{4ab}+\frac{12a^2b}{4ab}=b+3a$

06 $(8x^2-12xy^2)\div(-4x)=\frac{8x^2-12xy^2}{-4x}$
$=-\frac{8x^2}{4x}+\frac{12xy^2}{4x}$
$=-2x+3y^2$

07 $(16x^2y^2+8x^3y)\div4xy=\frac{16x^2y^2+8x^3y}{4xy}$
$=\frac{16x^2y^2}{4xy}+\frac{8x^3y}{4xy}$
$=4xy+2x^2$

08 $(-4a^2b+2ab)\div(-2ab)=\frac{-4a^2b+2ab}{-2ab}$
$=\frac{4a^2b}{2ab}-\frac{2ab}{2ab}$
$=2a-1$

09 $(8x^2-4xy+12x)\div4x$
$=\frac{8x^2-4xy+12x}{4x}$
$=\frac{8x^2}{4x}-\frac{4xy}{4x}+\frac{12x}{4x}$
$=2x-y+3$

11 $(8x^2-4x)\div\frac{x}{4}$
$=(8x^2-4x)\times\frac{4}{x}$
$=8x^2\times\frac{4}{x}-4x\times\frac{4}{x}=32x-16$

12 $(3a^2-15a)\div\left(-\frac{a}{3}\right)$
$=(3a^2-15a)\times\left(-\frac{3}{a}\right)$
$=3a^2\times\left(-\frac{3}{a}\right)-15a\times\left(-\frac{3}{a}\right)=-9a+45$

13 $(18ab-30b)\div\frac{6}{5}b$
$=(18ab-30b)\times\frac{5}{6b}$
$=18ab\times\frac{5}{6b}-30b\times\frac{5}{6b}=15a-25$

14 $(10a^2b^2-6ab^2)\div\frac{2ab}{3}$
$=(10a^2b^2-6ab^2)\times\frac{3}{2ab}$
$=10a^2b^2\times\frac{3}{2ab}-6ab^2\times\frac{3}{2ab}$
$=15ab-9b$

15 $(9x^2y+45xy-27y)\div\frac{9}{7}y$
$=(9x^2y+45xy-27y)\times\frac{7}{9y}$
$=9x^2y\times\frac{7}{9y}+45xy\times\frac{7}{9y}-27y\times\frac{7}{9y}$
$=7x^2+35x-21$

16 $(25x^2y^2-10xy^2+15xy)\div\left(-\frac{5}{3}xy\right)$
$=(25x^2y^2-10xy^2+15xy)\times\left(-\frac{3}{5xy}\right)$
$=25x^2y^2\times\left(-\frac{3}{5xy}\right)-10xy^2\times\left(-\frac{3}{5xy}\right)$
$+15xy\times\left(-\frac{3}{5xy}\right)$
$=-15xy+6y-9$

18 $\frac{8x^2-4x^3}{2x^2}=\frac{8x^2}{2x^2}-\frac{4x^3}{2x^2}=4-2x$

19 $\frac{9a^2-12ab}{3a}=\frac{9a^2}{3a}-\frac{12ab}{3a}=3a-4b$

20 $\frac{12x^3y-9x^2y}{3xy}=\frac{12x^3y}{3xy}-\frac{9x^2y}{3xy}=4x^2-3x$

21 $(15x^2y+3xy^2)\div\left(-\frac{3}{4}xy\right)$
$=(15x^2y+3xy^2)\times\left(-\frac{4}{3xy}\right)$
$=15x^2y\times\left(-\frac{4}{3xy}\right)+3xy^2\times\left(-\frac{4}{3xy}\right)$
$=-20x-4y$

ACT 24 070~071쪽

01 $3a(a+1)-(a-2)\times a$
$=3a^2+3a-a^2+2a=2a^2+5a$

02 $-3x(2x-1)+2x(5x-2)$
$=-6x^2+3x+10x^2-4x=4x^2-x$

03 $2a(a-b)+2(ab+4a)$
$=2a^2-2ab+2ab+8a=2a^2+8a$

04 $5xy(3x+2y)-x^2y(12-y)$
$=15x^2y+10xy^2-12x^2y+x^2y^2$
$=3x^2y+10xy^2+x^2y^2$

05 $-7a(3-a)-4a(2a-7)$
$=-21a+7a^2-8a^2+28a$
$=-a^2+7a$

06 $(a^2+2a)\div(-a)-(2a^2-3a)\div a$
$=-a-2-(2a-3)$
$=-a-2-2a+3$
$=-3a+1$

07 $(6x^2+4x)\div 2x-(7x^2-x)\div(-x)$
$=3x+2-(-7x+1)$
$=3x+2+7x-1$
$=10x+1$

08 $(6ab-9ab^2)\div(-3ab)-(ab-ab^2)\div ab$
$=-2+3b-(1-b)$
$=-2+3b-1+b$
$=4b-3$

09 $-\frac{a^3+2a^2}{3a^2}-\frac{a^2-3a}{6a}$
$=-\left(\frac{a}{3}+\frac{2}{3}\right)-\left(\frac{a}{6}-\frac{1}{2}\right)$
$=-\frac{a}{3}-\frac{2}{3}-\frac{a}{6}+\frac{1}{2}$
$=-\frac{2a}{6}-\frac{4}{6}-\frac{a}{6}+\frac{3}{6}$
$=-\frac{3a}{6}-\frac{1}{6}$
$=-\frac{a}{2}-\frac{1}{6}$

10 $\frac{x^2y-5xy^2}{xy}-\frac{9x^2y^2-6x^3y}{3x^2y}$
$=x-5y-(3y-2x)$
$=x-5y-3y+2x$
$=3x-8y$

12 $(2a^2b^2-5a^2b)\times 3a\div(-ab)$
$=(6a^3b^2-15a^3b)\div(-ab)$
$=-6a^2b+15a^2$

13 $(9x^2-6xy)\div 3x\times(-2y)^2$
$=(3x-2y)\times 4y^2$
$=12xy^2-8y^3$

14 $-2x(x-4)+(x^2-3x)\div x$
$=-2x^2+8x+x-3$
$=-2x^2+9x-3$

15 $-ab(-2a+b)+(9a^3b+6a^2b^2)\div(-3a)$
$=2a^2b-ab^2-3a^2b-2ab^2$
$=-a^2b-3ab^2$

16 $5x(2x-y)+(8x^2y-6x^2y^2)\div(-2xy)$
$=10x^2-5xy-4x+3xy$
$=10x^2-2xy-4x$

17 $(xy-2xy^2)\times\frac{1}{3y}-\frac{12x^2-8x}{4x}$
$=\frac{x}{3}-\frac{2}{3}xy-(3x-2)$
$=\frac{x}{3}-\frac{2}{3}xy-3x+2$
$=-\frac{8}{3}x-\frac{2}{3}xy+2$

18 $\frac{15x^2y+18xy}{3x}-5y(2x+1)$
$=5xy+6y-10xy-5y$
$=-5xy+y$

19 $-2x^2-\{3x(2-3y)+5x\}$
$=-2x^2-(6x-9xy+5x)$
$=-2x^2-6x+9xy-5x$
$=-2x^2-11x+9xy$

20 $3a^2-a\{-(8ab-6a^2b)\div 2b\}$
$=3a^2-a(-4a+3a^2)$
$=3a^2+4a^2-3a^3$
$=7a^2-3a^3$

21 $(4x^4+8x^3)\div 2x^2-3x(4x-1)$
$=2x^2+4x-12x^2+3x$
$=-10x^2+7x$
x^2의 계수 -10과 x의 계수 7을 더하면
$-10+7=-3$

ACT 25 072~073쪽

01 주어진 식에 $x=2$, $y=1$을 대입하면
$x+y=2+1=3$

02 주어진 식에 $x=2$, $y=1$을 대입하면
$x-y=2-1=1$

03 주어진 식에 $x=2$, $y=1$을 대입하면
$2x-3y=2\times2-3\times1=4-3=1$

04 주어진 식에 $x=2$, $y=1$을 대입하면
$x^2+y=2^2+1=4+1=5$

05 주어진 식에 $x=2$, $y=1$을 대입하면
$\frac{2x+y}{5}=\frac{2\times2+1}{5}=\frac{5}{5}=1$

06 주어진 식에 $x=\frac{1}{2}$, $y=\frac{1}{3}$을 대입하면
$6(x+y)=6\left(\frac{1}{2}+\frac{1}{3}\right)=6\times\left(\frac{3}{6}+\frac{2}{6}\right)=6\times\frac{5}{6}=5$

07 주어진 식에 $x=\frac{1}{2}$, $y=\frac{1}{3}$을 대입하면
$\frac{1}{x}-\frac{3}{y}=2-3\times3=2-9=-7$

08 주어진 식에 $x=\frac{1}{2}$, $y=\frac{1}{3}$을 대입하면
$12xy=12\times\frac{1}{2}\times\frac{1}{3}=2$

09 주어진 식에 $x=\frac{1}{2}$, $y=\frac{1}{3}$을 대입하면
$4x-6y=4\times\frac{1}{2}-6\times\frac{1}{3}=2-2=0$

10 주어진 식에 $x=\frac{1}{2}$, $y=\frac{1}{3}$을 대입하면
$2x^2+y=2\times\left(\frac{1}{2}\right)^2+\frac{1}{3}=2\times\frac{1}{4}+\frac{1}{3}$
$=\frac{1}{2}+\frac{1}{3}=\frac{5}{6}$

11 $(4x-2y)-(3x-4y)=x+2y$
위의 식에 $x=1$, $y=-3$을 대입하면
$x+2y=1+2\times(-3)=1-6=-5$

12 $(2x+5y+3)+(x-3y+2)=3x+2y+5$
위의 식에 $x=1$, $y=-3$을 대입하면
$3\times1+2\times(-3)+5=3-6+5=2$

13 주어진 식에 $x=1$, $y=-3$을 대입하면
$-2\times(-3)\times\{5\times1-3\times(-3)+6\}$
$=6\times(5+9+6)=6\times20=120$

14 주어진 식에 $x=1$, $y=-3$을 대입하면
$\{-1-3\times(-3)+1\}\times\{-2\times(-3)\}$
$=(-1+9+1)\times6=9\times6=54$

15 $(12x+6y-3)\div\frac{3}{x}$
$=(12x+6y-3)\times\frac{x}{3}$
$=4x^2+2xy-x$
위의 식에 $x=1$, $y=-3$을 대입하면
$4\times1^2+2\times1\times(-3)-1=4-6-1=-3$

16 $(10x^2y-15xy)\div(-5xy)=-2x+3$
위의 식에 $x=1$을 대입하면
$-2\times1+3=-2+3=1$

17 $\frac{4xy-8y^2}{2y}-\frac{3x^2-5xy^2}{x}$
$=2x-4y-(3x-5y^2)$
$=2x-4y-3x+5y^2$
$=-x-4y+5y^2$
위의 식에 $x=1$, $y=-3$을 대입하면
$-1\times1-4\times(-3)+5\times(-3)^2$
$=-1+12+45$
$=56$

18 $-a^2-\{4a(5-3a)+7a\}$
$=-a^2-(20a-12a^2+7a)$
$=-a^2-(-12a^2+27a)$
$=-a^2+12a^2-27a$
$=11a^2-27a$
위의 식에 $a=2$를 대입하면
$11\times2^2-27\times2=44-54=-10$

19 $2a-[4a-3b-\{b-(-a+2b)\}]$
$=2a-\{4a-3b-(b+a-2b)\}$
$=2a-\{4a-3b-(a-b)\}$
$=2a-(4a-3b-a+b)$
$=2a-(3a-2b)$
$=2a-3a+2b$
$=-a+2b$
위의 식에 $a=2$, $b=\frac{1}{2}$을 대입하면
$-1\times2+2\times\frac{1}{2}=-2+1=-1$

20 $-2(a-b)-3\{a-(b-3a)+2b\}$
$=-2a+2b-3(a-b+3a+2b)$
$=-2a+2b-3(4a+b)$
$=-2a+2b-12a-3b$
$=-14a-b$
위의 식에 $a=2$, $b=\frac{1}{2}$을 대입하면
$-14\times2-\frac{1}{2}=-28-\frac{1}{2}=-\frac{57}{2}$

21 $6a[2b-3-2\{4a-(5a-2b)\}]$
$=6a\{2b-3-2(4a-5a+2b)\}$
$=6a\{2b-3-2(-a+2b)\}$
$=6a(2b-3+2a-4b)$
$=6a(2a-2b-3)$
위의 식에 $a=2$, $b=\frac{1}{2}$을 대입하면
$6\times2\times\left(2\times2-2\times\frac{1}{2}-3\right)$
$=12\times(4-1-3)$
$=12\times0=0$

22 $\frac{3(2a^5-7a^4+a^3)}{a^3}-\frac{3a^4-a^3+a^2}{a^2}$
$=\frac{6a^5-21a^4+3a^3}{a^3}-\frac{3a^4-a^3+a^2}{a^2}$
$=6a^2-21a+3-(3a^2-a+1)$
$=6a^2-21a+3-3a^2+a-1$
$=3a^2-20a+2$
위의 식에 $a=-1$을 대입하면
$3\times(-1)^2-20\times(-1)+2=3+20+2=25$

ACT 26

074~075쪽

02 $-3x+2y-2$
$=-3x+2(x+3)-2$
$=-3x+2x+6-2$
$=-x+4$

03 $x+3y-5$
$=x+3(x+3)-5$
$=x+3x+9-5$
$=4x+4$

04 $3x(y+2)$
$=3x(x+3+2)$
$=3x(x+5)$
$=3x^2+15x$

05 x^2-y
$=x^2-(x+3)$
$=x^2-x-3$

06 $a-\frac{1}{2}b$
$=a-\frac{1}{2}(-2a+6)$
$=a+a-3$
$=2a-3$

07 $-a+3b$
$=-a+3(-2a+6)$
$=-a-6a+18$
$=-7a+18$

08 $a(a-b)$
$=a\{a-(-2a+6)\}$
$=a(a+2a-6)$
$=a(3a-6)$
$=3a^2-6a$

09 $5a-2b+1$
$=5a-2(-2a+6)+1$
$=5a+4a-12+1=9a-11$

10 $2a-3b+8$
$=2a-3(-2a+6)+8$
$=2a+6a-18+8$
$=8a-10$

12 $-2A+3B$
$=-2(-2x+1)+3(3x-1)$
$=4x-2+9x-3$
$=13x-5$

13 $-5A-3B$
$=-5(-2x+1)-3(3x-1)$
$=10x-5-9x+3$
$=x-2$

14 $2A+4B$
$=2(-2x+1)+4(3x-1)$
$=-4x+2+12x-4$
$=8x-2$

15 $A-B$
$=(x-y)-(3x-2y)$
$=x-y-3x+2y$
$=-2x+y$

16 $-3A+4B$
$=-3(x-y)+4(3x-2y)$
$=-3x+3y+12x-8y$
$=9x-5y$

17 $2A-3B$
$=2(x-y)-3(3x-2y)$
$=2x-2y-9x+6y$
$=-7x+4y$

18 $A+2B$
$=(x+3y)+2(3x-5y)$
$=x+3y+6x-10y$
$=7x-7y$

19 $-3A+B$
$=-3(x+3y)+(3x-5y)$
$=-3x-9y+3x-5y$
$=-14y$

20 $5A+3B$
$=5(x+3y)+3(3x-5y)$
$=5x+15y+9x-15y$
$=14x$

21 $\frac{1}{2}A-\frac{1}{2}B$
$=\frac{1}{2}(x+3y)-\frac{1}{2}(3x-5y)$
$=\frac{x}{2}+\frac{3}{2}y-\frac{3}{2}x+\frac{5}{2}y=-x+4y$

22 $9A+4B$
$=9\times\frac{x-y}{3}+4\times\frac{3x-y}{2}$
$=3(x-y)+2(3x-y)$
$=3x-3y+6x-2y=9x-5y$

ACT 27 076~077쪽

02 $-5x+10y+4=0$
$-5x=-10y-4$
$x=2y+\frac{4}{5}$

03 $3x+4y=-2x+y$
$3x+2x=y-4y$
$5x=-3y$
$x=-\frac{3}{5}y$

04 $10-2x=5-4y$
$-2x=5-4y-10$
$-2x=-4y-5$
$x=2y+\frac{5}{2}$

06 $4x-y+3=0$
$-y=-4x-3$
$y=4x+3$

07 $3x-2y=2x+y+7$
$-2y-y=2x-3x+7$
$-3y=-x+7$
$y=\frac{1}{3}x-\frac{7}{3}$

08 $-2x-y=3x+4y-5$
$-y-4y=3x+2x-5$
$-5y=5x-5$
$y=-x+1$

09 $5x-10y+5=0$에서
x의 식 ▶ $-10y=-5x-5$
$y=\frac{1}{2}x+\frac{1}{2}$
y의 식 ▶ $5x=10y-5$
$x=2y-1$

10 $-2x+y=8$에서
x의 식 ▶ $y=2x+8$
y의 식 ▶ $-2x=-y+8$
$x=\frac{1}{2}y-4$

11 $x-2=-3x+8y+14$에서

x의 식 $-8y=-4x+16$

$y=\frac{1}{2}x-2$

y의 식 $4x=8y+16$

$x=2y+4$

12 $\frac{x+1}{4}=\frac{y-1}{3}$

➡ $3(x+1)=4(y-1)$, $3x+3=4y-4$에서

x의 식 $-4y=-3x-7$

$y=\frac{3}{4}x+\frac{7}{4}$

y의 식 $3x=4y-7$

$x=\frac{4}{3}y-\frac{7}{3}$

13 $0.2x+y+4=0.4y-1$

➡ $2x+10y+40=4y-10$에서

x의 식 $6y=-2x-50$

$y=-\frac{1}{3}x-\frac{25}{3}$

y의 식 $2x=-6y-50$

$x=-3y-25$

14 $l=2\pi r$에서 $r=\frac{l}{2\pi}$

15 $V=\pi r^2h$에서 $h=\frac{V}{\pi r^2}$

16 $V=\frac{1}{3}Sh$에서 $S=\frac{3V}{h}$

17 $S=\frac{1}{2}rl$에서 $r=\frac{2S}{l}$

18 $v=\frac{s}{t}$에서 $s=vt$

19 $F=ma$에서 $m=\frac{F}{a}$

ACT+ 28 078~079쪽

04 어떤 식을 X라 하면

$6a-4b-X=-a+2b$

$\therefore X=6a-4b-(-a+2b)=7a-6b$

05 어떤 식을 X라 하면

$X\times 2xy=2x^2y^3-6xy^2$

$\therefore X=\frac{2x^2y^3-6xy^2}{2xy}=xy^2-3y$

06 어떤 식을 X라 하면

$X\div 3a=a^2-2ab$

$\therefore X=(a^2-2ab)\times 3a=3a^3-6a^2b$

09 $2b-6a=8$에서 $2b=8+6a$ $\quad\therefore b=4+3a$

$4(3a-2b)=12a-8b$에 $b=4+3a$를 대입하면

$12a-8b=12a-8(4+3a)=-12a-32$

10 $x-6+3y=5y-3x$에서

$-2y=-4x+6$ $\quad\therefore y=2x-3$

$2(2x-y-6)-3(x-2y)$

$=4x-2y-12-3x+6y=x+4y-12$

에 $y=2x-3$을 대입하여 정리하면

$x+4y-12=x+4(2x-3)-12=9x-24$

12 비례식 $(x-1):2=(y-x):1$을 등식으로 고치면

$x-1=2(y-x)$, $x-1=2y-2x$

$2y=3x-1$ $\quad\therefore y=\frac{3x-1}{2}$

$-2x+4y+1$에 $y=\frac{3x-1}{2}$을 대입하여 정리하면

$-2x+4y+1=-2x+4\times\frac{3x-1}{2}+1$

$=-2x+6x-2+1=4x-1$

13 비례식 $(x-2):(2x+3y)=2:3$을 등식으로 고치면

$3(x-2)=2(2x+3y)$, $3x-6=4x+6y$

$\therefore x=-6y-6$

$2x-8y$에 $x=-6y-6$을 대입하여 정리하면

$2x-8y=2\times(-6y-6)-8y$

$=-12y-12-8y=-20y-12$

ACT+ 29 080~081쪽

02 $\frac{1}{2}\times 2x\times(5x-y)$

$=x\times(5x-y)=5x^2-xy$

03 $\frac{1}{2}\times\{(2a+b)+(3a-2b)\}\times 2ab$

$=\frac{1}{2}\times(5a-b)\times 2ab$

$=5a^2b-ab^2$

05 $(3a)^2\pi\times(2a+3b)$

$=9a^2\pi\times(2a+3b)$

$=9a^2\times(2a+3b)\times\pi=(18a^3+27a^2b)\pi$

06 $\frac{1}{3}\times(2x)^2\pi\times(x+y)$

$=\frac{1}{3}\times 4x^2\pi\times(x+y)$

$=\frac{4x^2\times(x+y)}{3}\pi=\frac{4x^3+4x^2y}{3}\pi$

07 $2b\times$(세로의 길이)$=4ab+2b$

➡ (세로의 길이)$=(4ab+2b)\div 2b$

$=\dfrac{4ab+2b}{2b}=2a+1$

08 $\dfrac{1}{2}\times\{(a-2b)+(4a+2b)\}\times$(높이)$=10ab$

$\dfrac{1}{2}\times 5a\times$(높이)$=10ab$

➡ (높이)$=10ab\times 2\div 5a=4b$

09 $\dfrac{1}{2}\times 4ab\times$(다른 대각선의 길이)$=6a^2b-2ab^2$

$2ab\times$(다른 대각선의 길이)$=6a^2b-2ab^2$

➡ (다른 대각선의 길이)$=(6a^2b-2ab^2)\div 2ab$

$=\dfrac{6a^2b-2ab^2}{2ab}=3a-b$

11

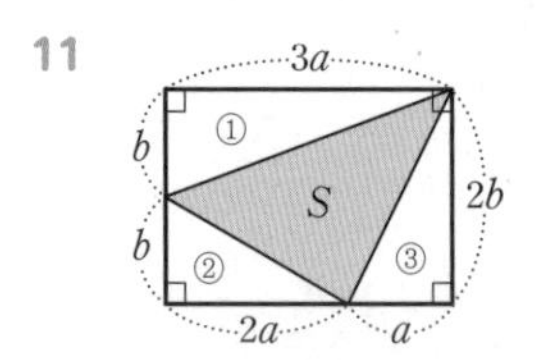

(1) $3a\times 2b=6ab$

(2) (①의 넓이)$=\dfrac{1}{2}\times 3a\times b=\dfrac{3}{2}ab$

(②의 넓이)$=\dfrac{1}{2}\times 2a\times b=ab$

(③의 넓이)$=\dfrac{1}{2}\times 2b\times a=ab$

$\therefore$ (①+②+③의 넓이)$=\dfrac{3}{2}ab+ab+ab=\dfrac{7}{2}ab$

(3) (직사각형의 넓이)$-$(①+②+③의 넓이)

$=6ab-\dfrac{7}{2}ab=\dfrac{5}{2}ab$

TEST 02 082~083쪽

01 $a^4\times a^2\times b\times b^5=a^{4+2}\times b^{1+5}=a^6b^6$

02 $\{(x^4)^3\}^2=(x^{4\times 3})^2=x^{12\times 2}=x^{24}$

03 $(3a^2b)^3\times\dfrac{2}{9}(ab^2)^2=27a^6b^3\times\dfrac{2}{9}a^2b^4=6a^8b^7$

04 $\dfrac{4}{3}x^2y^3\times xy^2\div\dfrac{2}{3}x^2y=\dfrac{4}{3}x^2y^3\times xy^2\times\dfrac{3}{2x^2y}$

$=2xy^4$

05 $-4a(a+1)+2a(a+5)=-4a^2-4a+2a^2+10a$

$=-2a^2+6a$

06 $\dfrac{3}{2}x(4x-3)-x\left(2x-\dfrac{1}{2}\right)=6x^2-\dfrac{9}{2}x-2x^2+\dfrac{1}{2}x$

$=4x^2-4x$

07 ① $(a^3)^{\square}\times a^5=a^{3\times\square}\times a^5=a^{3\times\square+5}=a^{17}$

➡ $3\times\square+5=17$, $3\times\square=12$ $\therefore\square=4$

② $\left(\dfrac{b^4}{a^{\square}}\right)^3=\dfrac{b^{4\times 3}}{a^{\square\times 3}}=\dfrac{b^{12}}{a^6}$

➡ $\square\times 3=6$ $\therefore\square=2$

③ $(x^3)^{\square}=x^{3\times\square}=x^{24}$

➡ $3\times\square=24$ $\therefore\square=8$

④ $(y^{\square})^5\div y^{15}=y^{\square\times 5}\div y^{15}=1$

➡ $\square\times 5=15$ $\therefore\square=3$

⑤ $(x^5y^2)^{\square}=x^{5\times\square}y^{2\times\square}=x^{25}y^{10}$

➡ $5\times\square=25$, $2\times\square=10$ $\therefore\square=5$

따라서 □ 안에 들어갈 수가 가장 큰 것은 ③이다.

08 $\square\times(3xy^3)^2=3x^4y^7$

➡ $\square=3x^4y^7\div(3xy^3)^2$

$=3x^4y^7\div 9x^2y^6$

$=3x^4y^7\times\dfrac{1}{9x^2y^6}=\dfrac{1}{3}x^2y$

09 $\square\div\left(-\dfrac{1}{3}x^3\right)^2=36x^2y^5$

➡ $\square=36x^2y^5\times\left(-\dfrac{1}{3}x^3\right)^2$

$=36x^2y^5\times\dfrac{x^6}{9}=4x^8y^5$

10 $8xy^2\div 4x^2y^2\times\square=6y^2$

➡ $\square=6y^2\div 8xy^2\times 4x^2y^2$

$=6y^2\times\dfrac{1}{8xy^2}\times 4x^2y^2$

$=3xy^2$

11 ⑤ $x^3-x\times\left(\dfrac{1}{2}x+3\right)=x^3-\dfrac{1}{2}x^2-3x$

➡ 이차식이 아니다.

따라서 이차식인 것은 ②, ③이다.

12 ① $-\dfrac{1}{3}x\times(4x+3)=-\dfrac{4}{3}x^2-x$ ➡ x의 계수 : -1

② $-7x^2+x(3x+5)$

$=-7x^2+3x^2+5x$

$=-4x^2+5x$ ➡ x의 계수 : 5

③ $2x(x+1)-x(x-2)$
$=2x^2+2x-x^2+2x$
$=x^2+4x$ ➡ x의 계수 : 4
④ $(-x^2+3)\times(-x)=x^3-3x$ ➡ x의 계수 : -3
⑤ $5x(y+2)=5xy+10x$ ➡ x의 계수 : 10
따라서 x의 계수가 가장 작은 것은 ④이다.

13 $A+B=(-2x+3)+(5-x)$
$=-3x+8$
위의 식에 $x=-2$를 대입하면
$-3\times(-2)+8=14$

14 $A+2B=(-2x+3)+2(5-x)$
$=-2x+3+10-2x$
$=-4x+13$
위의 식에 $x=-2$를 대입하면
$-4\times(-2)+13=21$

15 $2A-B=2(-2x+3)-(5-x)$
$=-4x+6-5+x$
$=-3x+1$
위의 식에 $x=-2$를 대입하면
$-3\times(-2)+1=7$

16 $3(A-B)=3\{(-2x+3)-(5-x)\}$
$=3(-2x+3-5+x)$
$=3(-x-2)$
$=-3x-6$
위의 식에 $x=-2$를 대입하면
$-3\times(-2)-6=0$

17 ① $S=\frac{1}{2}\times(5a-3)\times2b=5ab-3b$
② $5ab=S+3b$ ➡ $a=\frac{S+3b}{5b}$

18 ① $S=2a\times(b+1)=2ab+2a$
② $2ab=S-2a$ ➡ $b=\frac{S-2a}{2a}$

19 $(2x-5y+1)+(\square)=5x+6y-2$
➡ $\square=(5x+6y-2)-(2x-5y+1)$
$=3x+11y-3$

20 $(5xy+xy^2)\div(\square)-y(x-1)=-xy$
$(5xy+xy^2)\div(\square)=-xy+y(x-1)$
$(5xy+xy^2)\div(\square)=-y$
➡ $\square=\frac{5xy+xy^2}{-y}=-5x-xy$

Chapter Ⅲ 일차부등식

ACT 30 088~089쪽

01 $x-1$은 부등호를 사용하여 대소 관계를 나타낸 식이 아니므로 부등식이 아니다.

04 $x-y=7$은 등호를 사용한 등식이므로 부등식이 아니다.

05 $a+3=a+7$은 등호를 사용한 등식이므로 부등식이 아니다.

20 (정사각형의 넓이)=(한 변의 길이)^{2}이므로 $x^2\le25$

23 (거리)=(속력)×(시간)이므로 $8\le4z\le12$

24 ④ 한 권에 x원인 공책 5권과 한 개에 500원인 지우개 2개의 가격은 3000원을 넘지 않는다.
➡ $5x+1000\le3000$
따라서 옳지 않은 것은 ④이다.

ACT 31 090~091쪽

06 $5x+1\ge7-x$에서 $x=1$을 부등식에 대입하면
(좌변)$=5\times1+1=6$, (우변)$=7-1=6$
즉, (좌변)=(우변)이므로 1은 해이다.

07 $3x>2x-5$에서 $x=-1$을 부등식에 대입하면
(좌변)$=3\times(-1)=-3$
(우변)$=2\times(-1)-5=-7$
즉, (좌변)>(우변)이므로 -1은 해이다.

08 $-x+4\ge2x+1$에서 $x=0$을 부등식에 대입하면
(좌변)$=0+4=4$, (우변)$=2\times0+1=1$
즉, (좌변)>(우변)이므로 0은 해이다.

09 $\frac{x}{3}-4<\frac{x}{2}-5$에서 $x=6$을 부등식에 대입하면
(좌변)$=\frac{6}{3}-4=-2$, (우변)$=\frac{6}{2}-5=-2$
즉, (좌변)=(우변)이므로 6은 해가 아니다.

10 $3(x-2)\le6$에서 $x=3$을 부등식에 대입하면
(좌변)$=3\times(3-2)=3$, (우변)$=6$
즉, (좌변)<(우변)이므로 3은 해이다.

11 $2x+3<7$에서
$x=-1$일 때, $2\times(-1)+3=1<7$이므로 해이다.
$x=0$일 때, $2\times0+3=3<7$이므로 해이다.
$x=1$일 때, $2\times1+3=5<7$이므로 해이다.
$x=2$일 때, $2\times2+3=7$이므로 해가 아니다.
$x=3$일 때, $2\times3+3=9>7$이므로 해가 아니다.
$\therefore$ $\boxed{-1,\ 0,\ 1,\ 2,\ 3}$

12 $x-6\le2x$에서
$x=-2$일 때, $-2-6=-8<2\times(-2)=-4$이므로 해이다.
$x=-1$일 때, $-1-6=-7<2\times(-1)=-2$이므로 해이다.
$x=0$일 때, $0-6=-6<2\times0=0$이므로 해이다.
$x=1$일 때, $1-6=-5<2\times1=2$이므로 해이다.
$x=2$일 때, $2-6=-4<2\times2=4$이므로 해이다.
$\therefore$ $\boxed{-2,\ -1,\ 0,\ 1,\ 2}$

13 $10-3x\ge x$에서
$x=1$일 때, $10-3\times1=7>1$이므로 해이다.
$x=2$일 때, $10-3\times2=4>2$이므로 해이다.
$x=3$일 때, $10-3\times3=1<3$이므로 해가 아니다.
$x=4$일 때, $10-3\times4=-2<4$이므로 해가 아니다.
$x=5$일 때, $10-3\times5=-5<5$이므로 해가 아니다.
$\therefore$ $\boxed{1,\ 2,\ 3,\ 4,\ 5}$

14 $3x-7<2x-3$에서
$x=2$일 때, $3\times2-7=-1<2\times2-3=1$이므로 해이다.
$x=3$일 때, $3\times3-7=2<2\times3-3=3$이므로 해이다.
$x=4$일 때, $3\times4-7=2\times4-3=5$이므로 해가 아니다.
$x=5$일 때, $3\times5-7=8>2\times5-3=7$이므로 해가 아니다.
$x=6$일 때, $3\times6-7=11>2\times6-3=9$이므로 해가 아니다.
$\therefore$ $\boxed{2,\ 3,\ 4,\ 5,\ 6}$

15 $3-5x\ge1-3x$에서
$x=-1$일 때, $3-5\times(-1)=8>1-3\times(-1)=4$이므로 해이다.
$x=0$일 때, $3-5\times0=3>1-3\times0=1$이므로 해이다.
$x=1$일 때, $3-5\times1=1-3\times1=-2$이므로 해이다.
$x=2$일 때, $3-5\times2=-7<1-3\times2=-5$이므로 해가 아니다.
$\therefore$ $\boxed{-1,\ 0,\ 1,\ 2}$

16 $x-2\ge3$에서
$x=1$일 때, $1-2=-1<3$이므로 해가 아니다.
$x=2$일 때, $2-2=0<3$이므로 해가 아니다.
$x=3$일 때, $3-2=1<3$이므로 해가 아니다.
$x=4$일 때, $4-2=2<3$이므로 해가 아니다.
$x=5$일 때, $5-2=3$이므로 해이다.
따라서 부등식의 해의 개수는 1개이다.

092~093쪽

06 부등식의 양변에 같은 수를 더하여도 부등호의 방향은 바뀌지 않으므로 $a+5>b+5$이다.

07 부등식의 양변에서 같은 수를 빼어도 부등호의 방향은 바뀌지 않으므로 $a-4>b-4$이다.

08 부등식의 양변에 같은 양수를 곱하여도 부등호의 방향은 바뀌지 않으므로 $2a>2b$이다.

09 부등식의 양변을 같은 양수로 나누어도 부등호의 방향은 바뀌지 않으므로 $\frac{a}{2}>\frac{b}{2}$이다.

10 부등식의 양변에 같은 음수를 곱하면 부등호의 방향이 바뀌므로 $-6a<-6b$이다.

11 부등식의 양변을 같은 음수로 나누면 부등호의 방향이 바뀌므로 $a\div(-7)<b\div(-7)$이다.

12 부등식의 양변에서 같은 수를 빼어도 부등호의 방향은 바뀌지 않으므로 $a-1\le b-1$이다.

13 부등식의 양변에 같은 수를 더하여도 부등호의 방향은 바뀌지 않으므로 $a+\frac{1}{2}\le b+\frac{1}{2}$이다.

14 부등식의 양변에 같은 양수를 곱하여도 부등호의 방향은 바뀌지 않으므로 $3a\le3b$이다.

15 부등식의 양변에 같은 음수를 곱하면 부등호의 방향이 바뀌므로 $-6a\ge-6b$이다.

16 부등식의 양변을 같은 양수로 나누어도 부등호의 방향은 바뀌지 않으므로 $\frac{a}{5}\le\frac{b}{5}$이다.

17 부등식의 양변에 같은 양수를 곱하여도 부등호의 방향은 바뀌지 않으므로 $2a\le2b$이다.
이때 부등식의 양변에 같은 수를 더하여도 부등호의 방향이 바뀌지 않으므로 $2a+1\le2b+1$이다.

18 부등식의 양변을 같은 음수로 나누면 부등호의 방향이 바뀌므로 $-\frac{a}{3}\ge-\frac{b}{3}$이다.
이때 부등식의 양변에서 같은 수를 빼어도 부등호의 방향이 바뀌지 않으므로 $-\frac{a}{3}-2\ge-\frac{b}{3}-2$이다.

19 부등식의 양변에 같은 음수를 곱하면 부등호의 방향이 바뀌므로 $-a\ge-b$이다.
이때 부등식의 양변에 같은 수를 더하여도 부등호의 방향이 바뀌지 않으므로 $4-a\ge4-b$이다.

20 $a+3>b+3$의 양변에서 같은 수를 빼어도 부등호의 방향은 바뀌지 않으므로 $a>b$이다.

21 $a-5\le b-5$의 양변에 같은 수를 더하여도 부등호의 방향은 바뀌지 않으므로 $a\le b$이다.

22 $4a>4b$의 양변을 같은 양수로 나누어도 부등호의 방향은 바뀌지 않으므로 $a>b$이다.

23 $-\frac{a}{3}\ge-\frac{b}{3}$의 양변에 같은 음수를 곱하면 부등호의 방향은 바뀌므로 $a\le b$이다.

24 $3a-1<3b-1$의 양변에 같은 수를 더하여도 부등호의 방향은 바뀌지 않으므로 $3a<3b$이다.
이때 부등식의 양변을 같은 양수로 나누어도 부등호의 방향은 바뀌지 않으므로 $a<b$이다.

25 $3-\frac{a}{2}\le3-\frac{b}{2}$의 양변에서 같은 수를 빼어도 부등호의 방향은 바뀌지 않으므로 $-\frac{a}{2}\le-\frac{b}{2}$이다.
이때 부등식의 양변에 같은 음수를 곱하면 부등호의 방향은 바뀌므로 $a\ge b$이다.

26 ① $a\ge b$의 양변에 같은 수를 더하여도 부등호의 방향은 바뀌지 않으므로 $a+4\ge b+4$이다.
② $a\ge b$의 양변에서 같은 수를 빼어도 부등호의 방향은 바뀌지 않으므로 $a-\frac{1}{4}\ge b-\frac{1}{4}$이다.
③ $a\ge b$의 양변에 같은 음수를 곱하면 부등호의 방향은 바뀌므로 $-2a\le-2b$이다.
이때 부등식의 양변에 같은 수를 더하여도 부등호의 방향은 바뀌지 않으므로 $3-2a\le3-2b$이다.
④ $a\ge b$의 양변에서 같은 수를 빼어도 부등호의 방향은 바뀌지 않으므로 $a-1\ge b-1$이다.
이때 부등식의 양변을 같은 양수로 나누어도 부등호의 방향은 바뀌지 않으므로 $\frac{a-1}{2}\ge\frac{b-1}{2}$이다.
⑤ $a\ge b$의 양변에 같은 양수를 곱하여도 부등호의 방향은 바뀌지 않으므로 $7a\ge7b$이다.
이때 부등식의 양변에 같은 수를 더하여도 부등호의 방향은 바뀌지 않으므로 $7a+3\ge7b+3$이다.
따라서 나머지 넷과 다른 것은 ③이다.

ACT+ 33 094~095쪽

04 $-2\le x<1$의 각 변에 3을 곱하면 $-6\le3x<3$

05 $-2\le x<1$의 각 변에 -3을 곱하면 부등호의 방향이 바뀌므로 $-3<-3x\le6$

06 $-2\le x<1$의 각 변에 3을 곱하면 $-6\le3x<3$
위 식의 각 변에서 4를 빼면 $-10\le3x-4<-1$

07 $-2\le x<1$의 각 변에 -3을 곱하면 부등호의 방향이 바뀌므로 $-3<-3x\le6$
위 식의 각 변에 5를 더하면 $2<-3x+5\le11$

08 $-2\le x<1$의 각 변에 1을 더하면 $-1\le1+x<2$
위 식의 각 변을 2로 나누면 $-\frac{1}{2}\le\frac{1+x}{2}<1$

09 $-2\le x<1$의 각 변에 -1을 곱하면 부등호의 방향이 바뀌므로 $-1<-x\le2$
위 식의 각 변에 1을 더하면 $0<1-x\le3$
위 식의 각 변을 2로 나누면 $0<\frac{1-x}{2}\le\frac{3}{2}$

12 $2x+3\ge5$의 양변에서 3을 빼면 $2x\ge2$
위 식의 양변을 2로 나누면 $x\ge1$

13 $\frac{5-x}{2}<8$의 양변에 2를 곱하면
$5-x<16$
위 식의 양변에서 5를 빼면 $-x<11$
위 식의 양변에 -1을 곱하면 부등호의 방향이 바뀌므로
$x>-11$

15 $-3<-3x\le6$의 각 변을 -3으로 나누면 부등호의 방향이 바뀌므로 $-2\le x<1$

16 $-1\le2x-1\le7$의 각 변에 1을 더하면
$0\le2x\le8$
위 식의 각 변을 2로 나누면 $0\le x\le4$

17 $-8<2-5x<7$의 각 변에서 2를 빼면
$-10<-5x<5$
위 식의 각 변을 -5로 나누면 부등호의 방향이 바뀌므로
$-1<x<2$

18 $-1<\frac{3+2x}{5}<1$의 각 변에 5를 곱하면
$-5<3+2x<5$
위 식의 각 변에서 3을 빼면 $-8<2x<2$
위 식의 각 변을 2로 나누면 $-4<x<1$

ACT 34 098~099쪽

08 $x-4y+1$ ➡ x, y에 관한 일차식

09 $2x+1>2x-3$을 이항하여 정리하면 $4>0$
➡ 부등식이지만 일차부등식은 아니다.

10 $5x-1\le 3x+2$를 이항하여 정리하면
$2x-3\le 0$ ➡ x에 관한 일차부등식

11 $x(x-1)\ge 2x$를 이항하여 정리하면
$x^2-3x\ge 0$ ➡ 일차부등식이 아니다.

12 $x^2-2<x(x-2)$를 이항하여 정리하면
$2x-2<0$ ➡ x에 관한 일차부등식

15 $-3x+1\ge -5$에서
1을 우변으로 이항하면
$-3x\ge -5-1$, $-3x\ge -6$
양변을 -3으로 나누면 $x\le 2$

16 $-2x+3\ge x-6$에서
x를 좌변으로, 3을 우변으로 이항하면
$-2x-x\ge -6-3$, $-3x\ge -9$
양변을 -3으로 나누면 $x\le 3$

17 $3x+1>-2x-14$에서
$-2x$는 좌변으로, 1은 우변으로 이항하면
$3x+2x>-14-1$, $5x>-15$
양변을 5로 나누면 $x>-3$

18 $5x-9<3-x$에서
$-x$는 좌변으로, -9는 우변으로 이항하면
$5x+x<3+9$, $6x<12$
양변을 6으로 나누면 $x<2$

19 $-5x\le 12-8x$에서
$-8x$를 좌변으로 이항하면
$-5x+8x\le 12$, $3x\le 12$
양변을 3으로 나누면 $x\le 4$

20 $x>2x-3$에서 $2x$를 좌변으로 이항하면
$x-2x>-3$, $-x>-3$
양변을 -1로 나누면 $x<3$

21 $1-x\ge x+5$에서
x를 좌변으로, 1을 우변으로 이항하면
$-x-x\ge 5-1$, $-2x\ge 4$
양변을 -2로 나누면 $x\le -2$

22 $3-7x\ge 7-9x$에서
$-9x$를 좌변으로, 7을 우변으로 이항하면
$-7x+9x\ge 7-3$, $2x\ge 4$
양변을 2로 나누면 $x\ge 2$

23 $ax+2\le 5-2x$에서
$-2x$를 좌변으로, 2를 우변으로 이항하면
$ax+2x\le 5-2$, $(a+2)x\le 3$
$(a+2)x\le 3$이 일차부등식이 되려면
$a+2\ne 0$이어야 하므로 $a\ne -2$이다.

ACT 35

100~101쪽

09 $-x+1<2$에서 1을 우변으로 이항하면
$-x<2-1$, $-x<1$ $\therefore x>-1$
이를 수직선 위에 나타내면

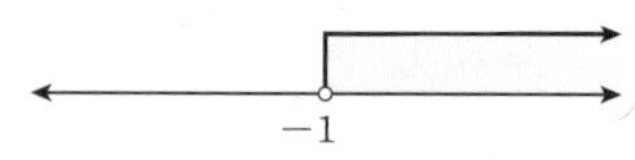

10 $3x-2\ge 4$에서 -2를 우변으로 이항하면
$3x\ge 4+2$, $3x\ge 6$ $\therefore x\ge 2$
이를 수직선 위에 나타내면

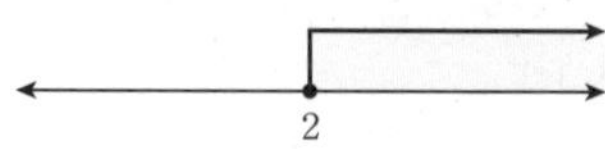

11 $-x+6<5x$에서
6을 우변으로, $5x$를 좌변으로 이항하면
$-x-5x<-6$, $-6x<-6$ $\therefore x>1$
이를 수직선 위에 나타내면

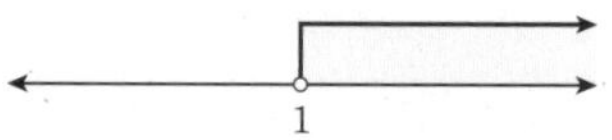

12 $-x+1\le 3x-7$에서
$3x$를 좌변으로, 1을 우변으로 이항하면
$-x-3x\le -7-1$, $-4x\le -8$ $\therefore x\ge 2$
이를 수직선 위에 나타내면

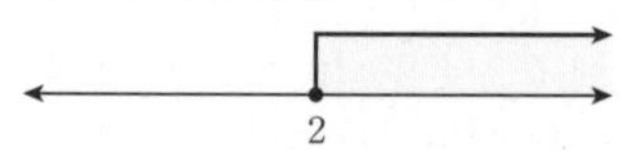

13 $x\ge 4+5x$에서 $5x$를 좌변으로 이항하면
$x-5x\ge 4$, $-4x\ge 4$ $\therefore x\le -1$
이를 수직선 위에 나타내면

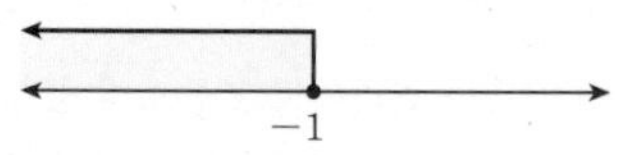

14 $5x>6x-3$에서 $6x$를 좌변으로 이항하면
$5x-6x>-3$, $-x>-3$ $\therefore x<3$
이를 수직선 위에 나타내면

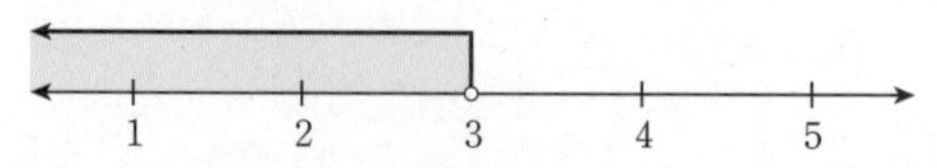

15 $-x+7\le -3x+9$에서
$-3x$를 좌변으로, 7을 우변으로 이항하면
$-x+3x\le 9-7$, $2x\le 2$ $\therefore x\le 1$
이를 수직선 위에 나타내면

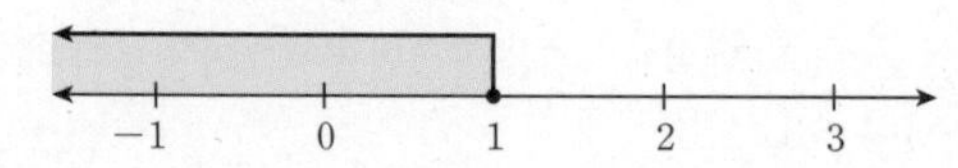

16 $7x-5\geq 3x+11$에서
$3x$를 좌변으로, -5를 우변으로 이항하면
$7x-3x\geq 11+5$, $4x\geq 16$ $\quad\therefore x\geq 4$
이를 수직선 위에 나타내면

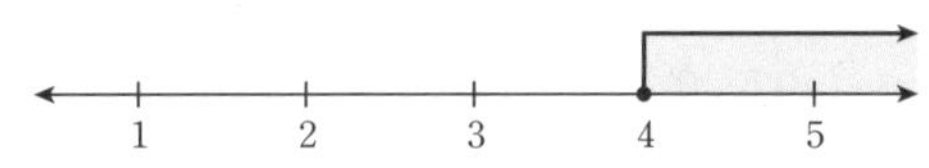

17 $-2x-3<-6x+5$에서
$-6x$를 좌변으로, -3을 우변으로 이항하면
$-2x+6x<5+3$, $4x<8$ $\quad\therefore x<2$
이를 수직선 위에 나타내면

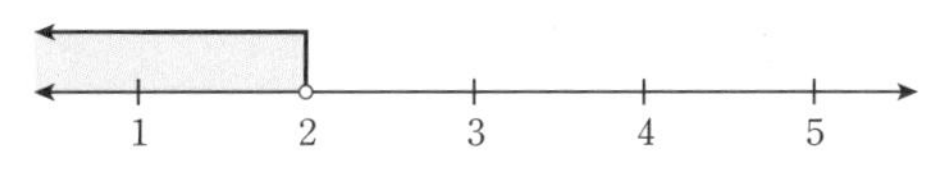

18 (수직선: 1) 는 $x\leq 1$을 나타낸다.

① $2x+1\geq x$, $2x-x\geq -1$ $\quad\therefore x\geq -1$
② $x-2\leq -x-2$, $x+x\leq -2+2$
$2x\leq 0$ $\quad\therefore x\leq 0$
③ $-5x+3\geq 3x-5$, $-5x-3x\geq -5-3$
$-8x\geq -8$ $\quad\therefore x\leq 1$
④ $9x<3x+6$, $9x-3x<6$
$6x<6$ $\quad\therefore x<1$
⑤ $4x-3\leq 2x+1$, $4x-2x\leq 1+3$
$2x\leq 4$ $\quad\therefore x\leq 2$
따라서 그림과 같은 부등식은 ③이다.

ACT 36 102~103쪽

02 $2(x-1)\geq -x+4$에서 괄호를 풀면
$2x-2\geq -x+4$
$2x+x\geq 4+2$
$3x\geq 6$ $\quad\therefore x\geq 2$

03 $4(x-2)+4>1-x$에서 괄호를 풀면
$4x-8+4>1-x$
$4x+x>1+4$
$5x>5$ $\quad\therefore x>1$

04 $6x+4\leq -(1-3x)+2$에서 괄호를 풀면
$6x+4\leq -1+3x+2$
$6x-3x\leq 1-4$
$3x\leq -3$ $\quad\therefore x\leq -1$

06 $4(x-2)\leq -2(3-x)$에서 괄호를 풀면
$4x-8\leq -6+2x$
$4x-2x\leq -6+8$
$2x\leq 2$ $\quad\therefore x\leq 1$

07 $3(x-1)+1\geq 2(4-x)$에서 괄호를 풀면
$3x-3+1\geq 8-2x$
$3x+2x\geq 8+2$
$5x\geq 10$ $\quad\therefore x\geq 2$

08 $8-2(x+1)<4(x-3)$에서 괄호를 풀면
$8-2x-2<4x-12$
$-2x-4x<-12-6$
$-6x<-18$ $\quad\therefore x>3$

09 $2x-5(x-1)\leq 10$에서 괄호를 풀면
$2x-5x+5\leq 10$
$-3x\leq 10-5$
$-3x\leq 5$ $\quad\therefore x\geq -\frac{5}{3}$

10 $5x\geq 2(x+1)+1$에서 괄호를 풀면
$5x\geq 2x+2+1$
$5x-2x\geq 3$
$3x\geq 3$ $\quad\therefore x\geq 1$

11 $4(2x-1)<3x+6$에서 괄호를 풀면
$8x-4<3x+6$
$8x-3x<6+4$
$5x<10$ $\quad\therefore x<2$

12 $2(2x-1)\geq 5(x-1)$에서 괄호를 풀면
$4x-2\geq 5x-5$
$4x-5x\geq -5+2$
$-x\geq -3$ $\quad\therefore x\leq 3$

13 $3x-(4+2x)\leq 4(x-1)$에서 괄호를 풀면
$3x-4-2x\leq 4x-4$
$x-4\leq 4x-4$
$x-4x\leq -4+4$
$-3x\leq 0$ $\quad\therefore x\geq 0$

14 $1-(5+9x)<-3(x-1)+5$에서 괄호를 풀면
$1-5-9x<-3x+3+5$
$-4-9x<-3x+8$
$-9x+3x<8+4$
$-6x<12$ $\quad\therefore x>-2$

15 $-x<-5(x-4)$에서 괄호를 풀면
$-x<-5x+20$
$-x+5x<20$
$4x<20$ $\quad\therefore x<5$
이를 수직선 위에 나타내면

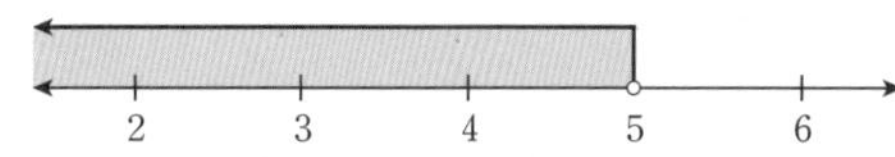

16 $2(x-7)>4(2x+1)$에서 괄호를 풀면
$2x-14>8x+4$
$2x-8x>4+14$
$-6x>18$ $\quad\therefore x<-3$
이를 수직선 위에 나타내면

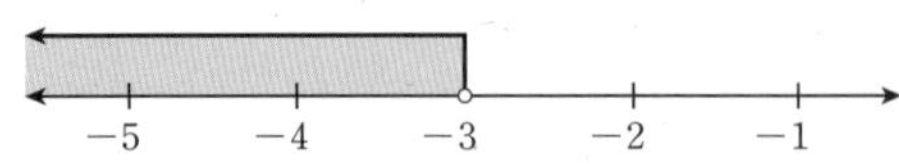

17 $3(x-1)+1\geq 2(4-x)$에서 괄호를 풀면
$3x-3+1\geq 8-2x$
$3x-2\geq 8-2x$
$3x+2x\geq 8+2$
$5x\geq 10$ $\quad\therefore x\geq 2$
이를 수직선 위에 나타내면

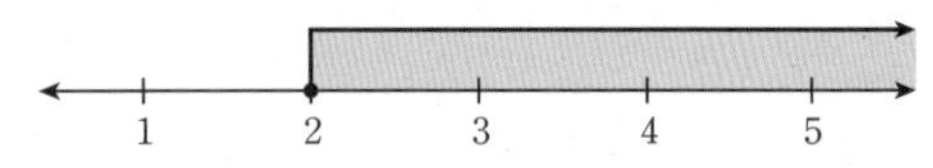

18 $2(x-3)+4\leq 2(2x-1)-6$에서 괄호를 풀면
$2x-6+4\leq 4x-2-6$
$2x-2\leq 4x-8$
$2x-4x\leq -8+2$
$-2x\leq -6$ $\quad\therefore x\geq 3$
이를 수직선 위에 나타내면

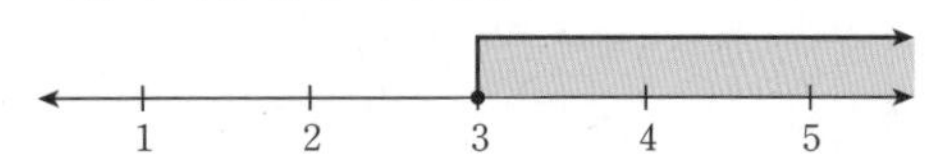

19 $3(x-1)+5>-5(x+1)$에서 괄호를 풀면
$3x-3+5>-5x-5$
$3x+2>-5x-5$
$3x+5x>-5-2$
$8x>-7$ $\quad\therefore x>-\frac{7}{8}$
따라서 $-\frac{7}{8}$보다 큰 수 중 가장 작은 정수 x는 0이다.

ACT 37 104~105쪽

02 $1.2x+0.2\geq 0.3x+2$의 양변에 10을 곱하면
$12x+2\geq 3x+20$
$12x-3x\geq 20-2$
$9x\geq 18$ $\quad\therefore x\geq 2$

03 $0.1x-0.3>0.5x+0.5$의 양변에 10을 곱하면
$x-3>5x+5$
$x-5x>5+3$
$-4x>8$ $\quad\therefore x<-2$

04 $0.2x+0.5\leq x-1.1$의 양변에 10을 곱하면
$2x+5\leq 10x-11$
$2x-10x\leq -11-5$
$-8x\leq -16$ $\quad\therefore x\geq 2$

06 $0.08x-0.02\leq 0.01x-0.09$의 양변에 100을 곱하면
$8x-2\leq x-9$
$8x-x\leq -9+2$
$7x\leq -7$ $\quad\therefore x\leq -1$

07 $0.35x-0.2x\geq -0.15$의 양변에 100을 곱하면
$35x-20x\geq -15$
$15x\geq -15$ $\quad\therefore x\geq -1$

08 $0.24x+0.1>0.3x-0.02$의 양변에 100을 곱하면
$24x+10>30x-2$
$24x-30x>-2-10$
$-6x>-12$ $\quad\therefore x<2$

09 $0.4-0.2x\leq -1$의 양변에 10을 곱하면
$4-2x\leq -10$
$-2x\leq -10-4$
$-2x\leq -14$ $\quad\therefore x\geq 7$

10 $1.1-0.3x\leq 0.8x$의 양변에 10을 곱하면
$11-3x\leq 8x$
$-3x-8x\leq -11$
$-11x\leq -11$ $\quad\therefore x\geq 1$

11 $3-0.1x<x-0.3$의 양변에 10을 곱하면
$30-x<10x-3$
$-x-10x<-3-30$
$-11x<-33$ $\quad\therefore x>3$

12 $0.05x+0.12>0.08x$의 양변에 100을 곱하면
$5x+12>8x$
$5x-8x>-12$
$-3x>-12$ $\quad\therefore x<4$

13 $-0.03x+0.01>-0.02x-0.05$의 양변에 100을 곱하면
$-3x+1>-2x-5$
$-3x+2x>-5-1$
$-x>-6$ $\quad\therefore x<6$

14 $0.05x-0.1\geq 0.25-0.02x$의 양변에 100을 곱하면
$5x-10\geq 25-2x$
$5x+2x\geq 25+10$
$7x\geq 35$ $\quad\therefore x\geq 5$

15 $0.3(x-3)<-0.2x-0.9$의 양변에 10을 곱하면
$3(x-3)<-2x-9$
$3x-9<-2x-9$
$3x+2x<-9+9$
$5x<0$ $\quad\therefore x<0$

16 $0.4(2x-5)+1>0.3x$의 양변에 10을 곱하면
$4(2x-5)+10>3x$
$8x-20+10>3x$
$8x-3x>10$
$5x>10 \quad \therefore x>2$

17 $0.2(x-1)+0.6\leq 0.3(x+8)-0.2x$의 양변에 10을 곱하면
$2(x-1)+6\leq 3(x+8)-2x$
$2x-2+6\leq 3x+24-2x$
$2x+4\leq x+24$
$2x-x\leq 24-4$
$\therefore x\leq 20$

18 $0.12(x-0.5)\geq 0.09(-2x+1)$의 양변에 100을 곱하면
$12(x-0.5)\geq 9(-2x+1)$
$12x-6\geq -18x+9$
$12x+18x\geq 9+6$
$30x\geq 15 \quad \therefore x\geq \frac{1}{2}$

19 $0.3(x-1)\geq 0.4x-0.6$의 양변에 10을 곱하면
$3(x-1)\geq 4x-6$
$3x-3\geq 4x-6$
$3x-4x\geq -6+3$
$-x\geq -3 \quad \therefore x\leq 3$
따라서 주어진 부등식을 만족시키는 자연수 x는 1, 2, 3의 3개이다.

ACT 38 106~107쪽

03 $\frac{2}{5}x+\frac{1}{10}<\frac{1}{4}x+1$의 양변에 20을 곱하면
$8x+2<5x+20$
$8x-5x<20-2$
$3x<18 \quad \therefore x<6$

04 $1+\frac{7}{6}x>x+\frac{5}{3}$의 양변에 6을 곱하면
$6+7x>6x+10$
$7x-6x>10-6$
$\therefore x>4$

07 $\frac{x}{3}+1\geq -\frac{x+3}{5}$의 양변에 15를 곱하면
$5x+15\geq -3(x+3)$
$5x+15\geq -3x-9$
$5x+3x\geq -9-15$
$8x\geq -24 \quad \therefore x\geq -3$

08 $2x+5\leq \frac{x+13}{2}$의 양변에 2를 곱하면
$4x+10\leq x+13$
$4x-x\leq 13-10$
$3x\leq 3 \quad \therefore x\leq 1$

09 $\frac{4-5x}{3}<-2$의 양변에 3을 곱하면
$4-5x<-6$
$-5x<-6-4$
$-5x<-10 \quad \therefore x>2$

10 $\frac{x}{4}+\frac{1}{2}\geq \frac{x}{2}+1$의 양변에 4를 곱하면
$x+2\geq 2x+4$
$x-2x\geq 4-2$
$-x\geq 2 \quad \therefore x\leq -2$

11 $\frac{x+1}{3}-\frac{x-3}{2}\leq 2$의 양변에 6을 곱하면
$2(x+1)-3(x-3)\leq 12$
$2x+2-3x+9\leq 12$
$-x+11\leq 12$
$-x\leq 12-11$
$-x\leq 1 \quad \therefore x\geq -1$

12 $\frac{5x-2}{3}>x+4$의 양변에 3을 곱하면
$5x-2>3x+12$
$5x-3x>12+2$
$2x>14 \quad \therefore x>7$

13 $\frac{x}{3}-\frac{x-2}{4}\leq -\frac{x}{12}$의 양변에 12를 곱하면
$4x-3(x-2)\leq -x$
$4x-3x+6\leq -x$
$x+6\leq -x$
$x+x\leq -6$
$2x\leq -6 \quad \therefore x\leq -3$

14 $5+\frac{3x-1}{4}\geq \frac{2x+1}{2}+4$의 양변에 4를 곱하면
$20+3x-1\geq 2(2x+1)+16$
$20+3x-1\geq 4x+2+16$
$3x+19\geq 4x+18$
$3x-4x\geq 18-19$
$-x\geq -1 \quad \therefore x\leq 1$

16 $1+\frac{3}{4}x<\frac{2(x+1)}{3}$의 양변에 12를 곱하면
$12+9x<8(x+1)$
$12+9x<8x+8$
$9x-8x<8-12$
$\therefore x<-4$

17 $\frac{5(x-1)}{6} > \frac{x+1}{2}$의 양변에 6을 곱하면
$5(x-1) > 3(x+1)$
$5x-5 > 3x+3$
$5x-3x > 3+5$
$2x > 8$
$\therefore x > 4$

18 $\frac{2}{5}(2x-1) \le \frac{3}{2}(x+3)$의 양변에 10을 곱하면
$4(2x-1) \le 15(x+3)$
$8x-4 \le 15x+45$
$8x-15x \le 45+4$
$-7x \le 49$
$\therefore x \ge -7$

19 $\frac{x}{4} - \frac{1}{3} \le -\frac{x-6}{3}$의 양변에 12를 곱하면
$3x-4 \le -4(x-6)$
$3x-4 \le -4x+24$
$3x+4x \le 24+4$
$7x \le 28$
$\therefore x \le 4$
따라서 주어진 부등식을 만족시키는 자연수 x는 1, 2, 3, 4의 4개이다.

ACT 39 108~109쪽

01 $3(2x-5) > 9$에서 괄호를 풀면
$6x-15 > 9$
$6x > 9+15$
$6x > 24 \quad \therefore x > 4$

02 $5(3x-2)-3 > 7-5x$에서 괄호를 풀면
$15x-10-3 > 7-5x$
$15x+5x > 7+13$
$20x > 20 \quad \therefore x > 1$

03 $2(4x+1) \le 5(x-2)$에서 괄호를 풀면
$8x+2 \le 5x-10$
$8x-5x \le -10-2$
$3x \le -12 \quad \therefore x \le -4$

04 $5x-3(2+x) \ge 6(x+1)$에서 괄호를 풀면
$5x-6-3x \ge 6x+6$
$2x-6x \ge 6+6$
$-4x \ge 12 \quad \therefore x \le -3$

05 $2(3x-1)-3 \le 3(x+5)+1$에서 괄호를 풀면
$6x-2-3 \le 3x+15+1$
$6x-3x \le 16+5$
$3x \le 21 \quad \therefore x \le 7$

06 $0.2x-0.7x < 1$의 양변에 10을 곱하면
$2x-7x < 10$
$-5x < 10 \quad \therefore x > -2$

07 $0.6x-1 \le 0.4x+0.2$의 양변에 10을 곱하면
$6x-10 \le 4x+2$
$6x-4x \le 2+10$
$2x \le 12 \quad \therefore x \le 6$

08 $x-0.6 > 0.2x+1$의 양변에 10을 곱하면
$10x-6 > 2x+10$
$10x-2x > 10+6$
$8x > 16 \quad \therefore x > 2$

09 $0.08x-0.03 < 0.01x-0.1$의 양변에 100을 곱하면
$8x-3 < x-10$
$8x-x < -10+3$
$7x < -7 \quad \therefore x < -1$

10 $0.5x-0.6(x-1) < 1$의 양변에 10을 곱하면
$5x-6(x-1) < 10$
$5x-6x+6 < 10$
$-x < 10-6$
$-x < 4 \quad \therefore x > -4$

11 $\frac{2}{5}x+\frac{3}{2} \le \frac{1}{2}x+1$의 양변에 10을 곱하면
$4x+15 \le 5x+10$
$4x-5x \le 10-15$
$-x \le -5 \quad \therefore x \ge 5$

12 $\frac{5x+3}{2} \le \frac{x-3}{4}$의 양변에 4를 곱하면
$2(5x+3) \le x-3$
$10x+6 \le x-3$
$10x-x \le -3-6$
$9x \le -9 \quad \therefore x \le -1$

13 $\frac{3(x-1)}{4} - \frac{x}{2} < \frac{x}{8}$의 양변에 8을 곱하면
$6(x-1)-4x < x$
$6x-6-4x < x$
$2x-x < 6 \quad \therefore x < 6$

14 $0.3x+1.2 \ge \frac{3}{2}x$의 양변에 10을 곱하면
$3x+12 \ge 15x$
$3x-15x \ge -12$
$-12x \ge -12 \quad \therefore x \le 1$

15 $\frac{3}{2}x-1.2 < 0.7x+\frac{2}{5}$의 양변에 10을 곱하면
$15x-12 < 7x+4$
$15x-7x < 4+12$
$8x < 16 \quad \therefore x < 2$

16 $0.2x-0.8>\frac{1}{2}x-2$의 양변에 10을 곱하면

$2x-8>5x-20$
$2x-5x>-20+8$
$-3x>-12 \qquad \therefore x<4$

18 $0.3x+0.8\le\frac{3(x-1)}{2}-0.1$의 양변에 10을 곱하면

$3x+8\le15(x-1)-1$
$3x+8\le15x-15-1$
$3x-15x\le-16-8$
$-12x\le-24 \qquad \therefore x\ge2$

19 $0.2(3x+2)-1>\frac{2(x+3)}{5}+0.8x$의 양변에 10을 곱하면

$2(3x+2)-10>4(x+3)+8x$
$6x+4-10>4x+12+8x$
$6x-6>12x+12$
$6x-12x>12+6$
$-6x>18 \qquad \therefore x<-3$

20 $2.2x-\frac{3}{10}<2\left(x+\frac{1}{5}\right)+0.3$의 양변에 10을 곱하면

$22x-3<20\left(x+\frac{1}{5}\right)+3$
$22x-3<20x+4+3$
$22x-20x<7+3$
$2x<10 \qquad \therefore x<5$

21 $\frac{2x-3}{5}-\frac{3(x-4)}{4}\ge1.2x-\frac{x-2}{2}$의 양변에 20을 곱하면

$4(2x-3)-15(x-4)\ge24x-10(x-2)$
$8x-12-15x+60\ge24x-10x+20$
$-7x+48\ge14x+20$
$-7x-14x\ge20-48$
$-21x\ge-28 \qquad \therefore x\le\frac{4}{3}$

따라서 $x\le\frac{4}{3}$를 만족시키는 가장 큰 정수 x는 1이다.

ACT+ 40 110~111쪽

02 $ax+1\le2$에서 1을 우변으로 이항하면 $ax\le1$
$a<0$이므로 양변을 a로 나누면 부등호의 방향이 바뀌므로
$x\ge\frac{1}{a}$

04 $ax-1\ge-4$에서 $ax\ge-3$
부등식의 해가 $x\le1$이므로 $a<0$
양변을 a로 나누면 $x\le-\frac{3}{a}$
따라서 $-\frac{3}{a}=1$이므로 $a=-3$

06 (1) $\frac{x-1}{2}<\frac{4x+5}{5}$의 양변에 10을 곱하면

$5(x-1)<2(4x+5)$
$5x-5<8x+10$
$5x-8x<10+5$
$-3x<15 \qquad \therefore x>-5$

(2) $3x+a>15$에서
$3x>15-a \qquad \therefore x>\frac{15-a}{3}$

(3) (1), (2)에서 두 부등식의 해가 같으므로 $x>-5$이고
$\frac{15-a}{3}=-5$에서 $a=30$이다.

08 (1) $2(x-1)>-3x$에서

$2x-2>-3x$
$5x>2 \qquad \therefore x>\frac{2}{5}$

(2) $ax+4<2$에서 $ax<-2$
$a>0$이면 $x<-\frac{2}{a}$
$a<0$이면 $x>-\frac{2}{a}$

(3) (1), (2)에서 두 부등식의 해가 같으므로 $x>\frac{2}{5}$이고,
$-\frac{2}{a}=\frac{2}{5}$에서 $a=-5$이다.

ACT+ 41 112~113쪽

01 (1) $5x-3>2x+4$

$5x-2x>4+3$
$3x>7 \qquad \therefore x>\frac{7}{3}$

(2) 조건을 만족시키는 가장 작은 정수는 3이다.

02 어떤 정수를 x라고 하면

$2x-3>26$
$2x>26+3$
$2x>29 \qquad \therefore x>\frac{29}{2}$

조건을 만족시키는 가장 작은 정수는 15이다.

03 (1) 연속하는 두 홀수의 차는 2이므로 작은 홀수가 x일 때, 큰 홀수는 $x+2$이다.

(2) $5x-8>2(x+2)$
$5x-8>2x+4$
$5x-2x>4+8$
$3x>12 \qquad \therefore x>4$

(3) 조건을 만족시키는 가장 작은 홀수는 5이므로 구하는 두 홀수는 5, 7이다.

04 연속하는 세 자연수를 $x-1$, x, $x+1$이라고 하면
$(x-1)+x+(x+1)>36$
$3x>36$ $\quad\therefore x>12$
조건을 만족시키는 가장 작은 자연수는 13이므로 구하는 세 자연수는 12, 13, 14이다.

05 (1) $x+5<x+(x+2)$
(2) $x+5<x+(x+2)$에서
$x+5<2x+2$
$x-2x<2-5$
$-x<-3$ $\quad\therefore x>3$

06 $(x-3)+(x+1)>x+6$에서
$2x-2>x+6$
$\therefore x>8$
따라서 x의 값이 될 수 없는 것은 ① 8이다.

07 (1) $\frac{3}{2}(5+x)\leq 12$
$3(5+x)\leq 24$
$15+3x\leq 24$
$3x\leq 24-15$
$3x\leq 9$ $\quad\therefore x\leq 3$
(2) (1)에서 윗변의 길이는 3 cm 이하이어야 한다.

08 주어진 직사각형의 가로의 길이를 x cm라고 하면
$2(x+6)\geq 20$
$2x+12\geq 20$
$2x\geq 20-12$
$2x\geq 8$ $\quad\therefore x\geq 4$
따라서 가로의 길이는 4 cm 이상이다.

ACT+ 42 114~115쪽

01 (1) $2500x+3000\leq 20000$
$25x+30\leq 200$
$25x\leq 170$
$\therefore x\leq \frac{34}{5}$
(2) 사과의 개수는 자연수이므로 최대 6개까지 살 수 있다.

02 담을 수 있는 물건의 개수를 x개라고 할 때
$3x+1\leq 15$
$3x\leq 14$
$\therefore x\leq \frac{14}{3}$
물건의 개수는 자연수이므로 최대 4개까지 담을 수 있다.

03 (1) 빵과 우유의 개수를 합했을 때 16개이므로
빵의 개수가 x개이면 우유의 개수는 $(16-x)$개이다.
(2) $500(16-x)+700x\leq 10000$
$5(16-x)+7x\leq 100$
$80-5x+7x\leq 100$
$2x\leq 20$
$\therefore x\leq 10$
(3) 빵은 최대 10개까지 살 수 있다.

04 가지의 개수를 x개라고 하면
오이의 개수는 $(20-x)$개이므로
$300(20-x)+600x\leq 11000$
$3(20-x)+6x\leq 110$
$60-3x+6x\leq 110$
$3x\leq 50$
$\therefore x\leq \frac{50}{3}$
가지의 개수는 자연수이므로 최대 16개까지 살 수 있다.

05 (1) $20000+3000x>30000+2500x$
$200+30x>300+25x$
$5x>100$
$\therefore x>20$
(2) 형의 예금액은 21개월 후부터 동생의 예금액보다 많아진다.

06 x개월 후부터 지윤이의 예금액이 370000원을 넘게 된다고 할 때, $160000+7000x>370000$
$160+7x>370$
$7x>210$
$\therefore x>30$
따라서 지윤이의 예금액은 31개월 후부터 370000원을 넘게 된다.

07 (3) $8000x>6500x+5000$
$80x>65x+50$
$15x>50$
$\therefore x>\frac{10}{3}$
(4) 꽃다발의 개수는 자연수이므로 4다발 이상을 살 때 도매 시장에서 사는 것이 유리하다.

08 공책을 x권 산다고 할 때
$1100x>700x+2000$
$11x>7x+20$
$4x>20$
$\therefore x>5$
따라서 공책의 수는 자연수이므로 6권 이상 사야 할인 매장에서 사는 것이 유리하다.

ACT+ 43 116~117쪽

01 (1) 시속 2 km로 걸어간 거리를 x km라고 할 때
시속 5 km로 뛰어간 거리는 $(6-x)$ km이므로
$(\text{시속 2 km로 걸어간 시간})=\dfrac{x}{2}$
$(\text{시속 5 km로 뛰어간 시간})=\dfrac{6-x}{5}$

(2) $\dfrac{x}{2}+\dfrac{6-x}{5}\le\dfrac{3}{2}$의 양변에 10을 곱하면
$5x+2(6-x)\le15$
$5x+12-2x\le15$
$3x\le15-12$
$3x\le3 \quad \therefore x\le1$

(3) 시속 2 km로 걸어간 거리는 최대 1 km이다.

02 걸어간 거리를 x m라고 하면 뛰어간 거리는
$(3000-x)$ m이다.
$(\text{걸어간 시간})=\dfrac{x}{100}$, $(\text{뛰어간 시간})=\dfrac{3000-x}{300}$에서
$\dfrac{x}{100}+\dfrac{3000-x}{300}\le15$
$3x+3000-x\le4500$
$2x\le4500-3000$
$2x\le1500 \quad \therefore x\le750$
따라서 걸어간 거리는 최대 750 m이다.

03 (1) $(\text{형의 이동거리})=200x$
$(\text{동생의 이동거리})=250x$

(2) $200x+250x\ge4500$
$450x\ge4500 \quad \therefore x\ge10$

(3) 형과 동생이 4.5 km 이상 떨어지는 것은 출발한 지 10분 후부터이다.

04 올라갈 수 있는 최대 거리를 x km라고 하면
$(\text{올라갈 때 걸린 시간})=\dfrac{x}{2}$
$(\text{내려갈 때 걸린 시간})=\dfrac{x}{3}$에서
$\dfrac{x}{2}+\dfrac{x}{3}\le3$
$3x+2x\le18$
$5x\le18 \quad \therefore x\le\dfrac{18}{5}$
따라서 올라갈 수 있는 최대 거리는 $\dfrac{18}{5}$ km이다.

05 (1) $\dfrac{5}{100}\times300=15(\text{g})$

(3) $(7\ \%\text{의 소금물의 양})=300+x(\text{g})$
$(\text{소금의 양})=\dfrac{7}{100}(300+x)(\text{g})$

(4) $15+\dfrac{8}{100}x\ge\dfrac{7}{100}(300+x)$
$1500+8x\ge7(300+x)$
$1500+8x\ge2100+7x$
$8x-7x\ge2100-1500$
$\therefore x\ge600$

(5) 따라서 8 %의 소금물은 최소 600 g을 섞어야 한다.

06 (1) $\dfrac{10}{100}\times300=30(\text{g})$

(2) 8 %의 소금물의 양은 $(300+x)$ g이므로 소금물에 들어 있는 소금의 양은 $\dfrac{8}{100}(300+x)$ g

(3) $30\le\dfrac{8}{100}(300+x)$
$3000\le8(300+x)$
$3000\le2400+8x$
$-8x\le2400-3000$
$-8x\le-600$
$\therefore x\ge75$

(4) 물은 최소 75 g을 더 넣어야 한다.

07 6 %의 소금물의 양을 x g이라고 할 때, 9 %의 소금물의 양은 $(900-x)$ g이므로
$(6\ \%\text{의 소금물의 소금의 양})=\dfrac{6}{100}\times x(\text{g})$
$(9\ \%\text{의 소금물의 소금의 양})=\dfrac{9}{100}\times(900-x)(\text{g})$
$(7\ \%\text{의 소금물 900 g의 소금의 양})=\dfrac{7}{100}\times900(\text{g})$
$\dfrac{6}{100}\times x+\dfrac{9}{100}\times(900-x)\ge\dfrac{7}{100}\times900$
$6x+9(900-x)\ge6300$
$6x+8100-9x\ge6300$
$-3x\ge6300-8100$
$-3x\ge-1800$
$\therefore x\le600$
따라서 6 %의 소금물은 600 g 이하로 넣어야 한다.

TEST 03 118~119쪽

01 (1) $x(x+2)=0$ ➡ x에 관한 이차방정식
(2) $5x-2<5x$, $0<2$ ➡ 부등식
(3) $2x-1$ ➡ x에 관한 일차식
(4) $4<6$ ➡ 부등식

06 $3x+2<-3$에서
$x=-2$일 때, $3\times(-2)+2=-4<-3$ (○)
$x=-1$일 때, $3\times(-1)+2=-1>-3$ (×)
$x=0$일 때, $3\times0+2=2>-3$ (×)
$x=1$일 때, $3\times1+2=5>-3$ (×)
$x=2$일 때, $3\times2+2=8>-3$ (×)
따라서 해는 -2이다.

07 $x+6\geq 4x-3$에서
$x=1$일 때, $1+6=7\geq 4\times 1-3=1$ (○)
$x=2$일 때, $2+6=8\geq 4\times 2-3=5$ (○)
$x=3$일 때, $3+6=9\geq 4\times 3-3=9$ (○)
$x=4$일 때, $4+6=10\leq 4\times 4-3=13$ (×)
$x=5$일 때, $5+6=11\leq 4\times 5-3=17$ (×)
따라서 해는 1, 2, 3이다.

08 $3x\leq 2(x-1)+5$에서
$x=-1$일 때, $3\times(-1)=-3\leq 2\times(-1-1)+5=1$ (○)
$x=0$일 때, $3\times 0=0\leq 2\times(0-1)+5=3$ (○)
$x=1$일 때, $3\times 1=3\leq 2\times(1-1)+5=5$ (○)
$x=2$일 때, $3\times 2=6\leq 2\times(2-1)+5=7$ (○)
$x=3$일 때, $3\times 3=9\leq 2\times(3-1)+5=9$ (○)
따라서 해는 -1, 0, 1, 2, 3이다.

09 $a<b$의 양변에 같은 양수를 곱하여도 부등호의 방향은 바뀌지 않으므로 $5a<5b$이다.
이때 부등식의 양변에서 같은 수를 빼어도 부등호의 방향은 바뀌지 않으므로 $5a-7<5b-7$이다.

10 $a>b$의 양변에 같은 음수를 곱하면 부등호의 방향은 바뀌므로 $-\frac{a}{2}<-\frac{b}{2}$이다.
이때 부등식의 양변에 같은 수를 더하여도 부등호의 방향은 바뀌지 않으므로 $-\frac{a}{2}+7<-\frac{b}{2}+7$이다.

11 $-3a+1\geq -3b+1$의 양변에서 같은 수를 빼어도 부등호의 방향은 바뀌지 않으므로 $-3a\geq -3b$이다.
이때 부등식의 양변을 같은 음수로 나누면 부등호의 방향이 바뀌므로 $a\leq b$이다.

12 $2a-4>2b-4$의 양변에 같은 수를 더하여도 부등호의 방향은 바뀌지 않으므로 $2a>2b$이다.
이때 부등식의 양변을 같은 양수로 나누어도 부등호의 방향은 바뀌지 않으므로 $a>b$이다.

13 $4x+3\geq 11$
$4x\geq 11-3$
$4x\geq 8$ $\quad\therefore x\geq 2$
이를 수직선 위에 나타내면

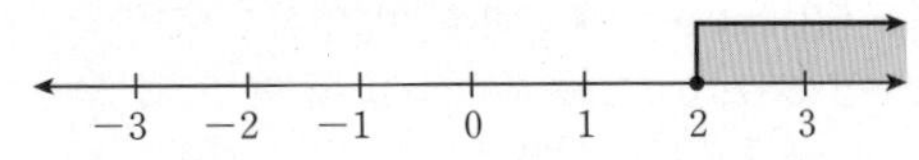

14 $-x-2\leq x-8$
$-x-x\leq -8+2$
$-2x\leq -6$ $\quad\therefore x\geq 3$
이를 수직선 위에 나타내면

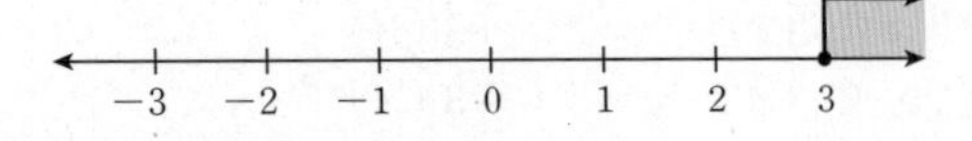

15 $2x+11>-3x+1$
$2x+3x>1-11$
$5x>-10$
$\therefore x>-2$
이를 수직선 위에 나타내면

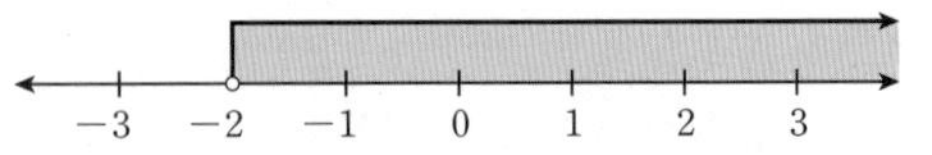

16 $3x\leq 2-2(x+6)$에서 괄호를 풀면
$3x\leq 2-2x-12$
$3x+2x\leq -10$
$5x\leq -10$
$\therefore x\leq -2$

17 $\frac{1}{2}x+0.9\geq \frac{4}{5}x-0.6$의 양변에 10을 곱하면
$5x+9\geq 8x-6$
$5x-8x\geq -6-9$
$-3x\geq -15$
$\therefore x\leq 5$

18 $0.3x-0.2\left(x-\frac{3}{2}\right)<\frac{2}{5}$의 양변에 10을 곱하면
$3x-2\left(x-\frac{3}{2}\right)<4$
$3x-2x+3<4$
$x+3<4$
$\therefore x<1$

19 (1) 가운데 수가 x이면 앞의 짝수는 x보다 2만큼 작고, 뒤의 짝수는 x보다 2만큼 크므로 $x-2$, $x+2$이다.
(2) $3x-5>x-2+x+2$
$3x-5>2x$
$\therefore x>5$
(3) 조건을 만족시키는 가장 작은 짝수 x는 6이고 $x-2=4$, $x+2=8$이므로 구하는 세 짝수는 4, 6, 8이다.

20 (1) $\frac{1}{2}\times 5\times x\leq 20$
$5x\leq 40$
$\therefore x\leq 8$
(2) 높이는 8 cm 이하이어야 한다.